「弱虫」でも強くなる！
のロードバイク〈プロ技〉メソッド

山崎敏正
シルベストサイクル統括店長

SB新書 302

トップチューブ
ステムキャップ
ステム
ハンドル
STIレバー
ヘッドセット
ヘッドチューブ
フロントブレーキ
フロントフォーク
ハブ
クイックレリーズ
タイヤ
リム
スポーク
ニップル
フロント
ホイール
ダウンチューブ
チューブバルブ

ロードバイク各部の名称

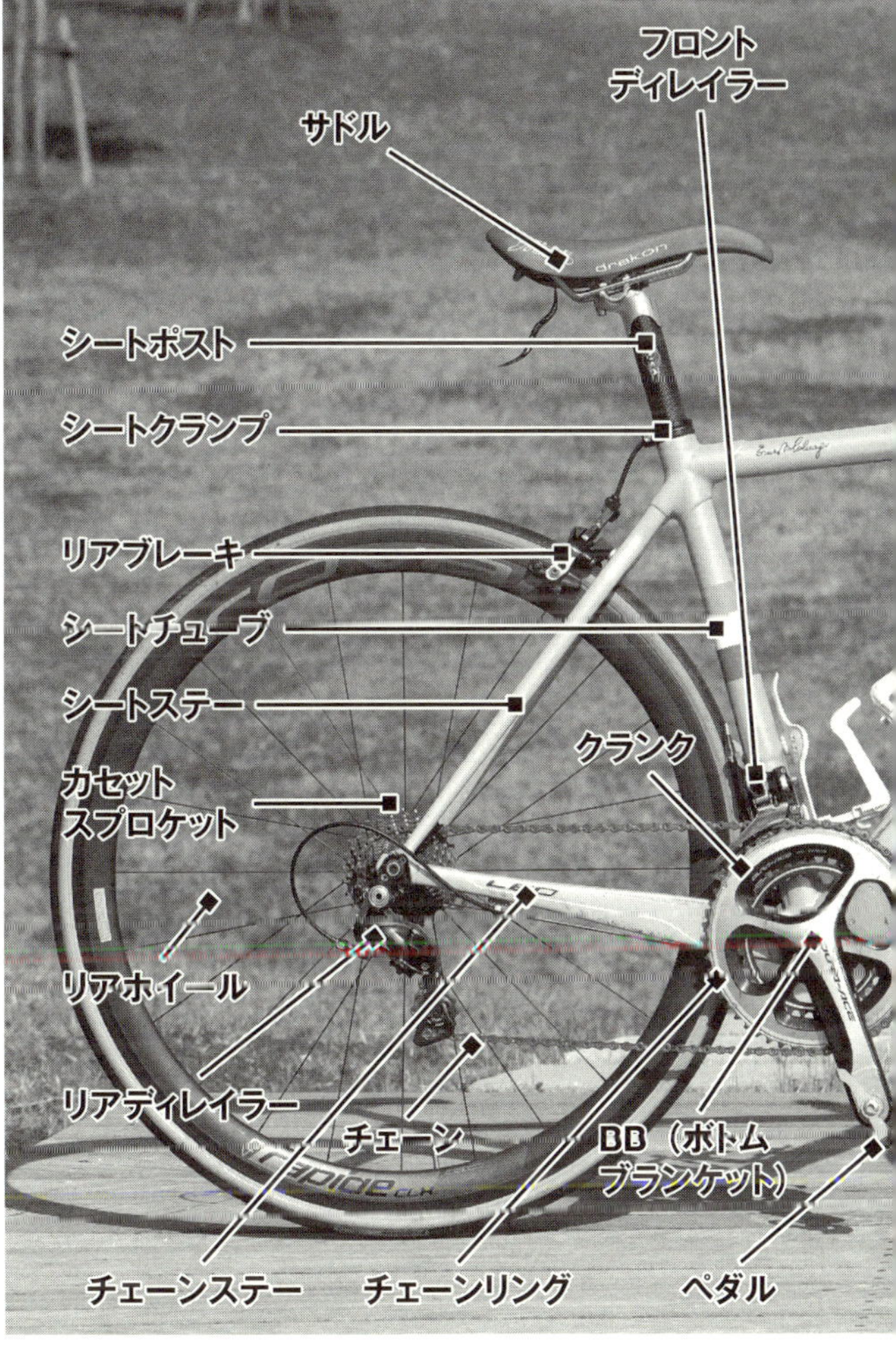
フロント
ディレイラー
サドル
シートポスト
シートクランプ
リアブレーキ
シートチューブ
シートステー
クランク
カセット
スプロケット
リアホイール
リアディレイラー
チェーン
BB（ボトム
ブランケット）
チェーンステー
チェーンリング
ペダル

序章　美術を愛する文化系が五輪代表に

第1章　生涯現役サイクリスト宣言

第2章 失敗しないロードバイク購入テクニック

第5章 「痛み」「疲れ」を乗り越える

第6章 ロードバイクの安全鉄則

第7章 ゆっくり走って強くなる

第8章 弱虫でも強くなる！ 山崎式トレーニング

序 章

美術を愛する文化系が五輪代表に

幻の五輪選手!?

私は大阪と京都で3店舗を展開するロードバイク専門のプロショップ「シルベストサイクル」で、全店を率いる「統括店長」を務めています。店舗のクラブチーム「クラブシルベスト」の代表も務め、実業団チームのクラスでは現役選手として自分の息子よりずっと若い選手たちと競い続けています。

２０１５年9月、私は還暦を迎えます。恥ずかしながら、孫もいる年齢になっても本気でロードバイクにのめり込み、大好きなロードバイクに囲まれた幸せな環境で働かせていただいております。

そんな私が自転車競技をはじめたのは40年前、20歳のときでした。１９７０年代半ばの当時、自転車競技を20歳からはじめるのは遅いほうでした。中学や高校時代から自転車競技をはじめる選手が多かったのです。

そんなハンデキャップを抱えつつも、私はトラック種目で日本記録を出したり、

1980年のモスクワ五輪代表（4000m個人追い抜き）に選ばれたりもしました。日本はモスクワ五輪参加をボイコットしたため、五輪出場は果たせませんでしたが……。

もっとも今にして思えば、五輪出場を果たせなかったからこそ、これまで40年にもわたってモチベーションを高く保ち、息長く自転車競技を続けられたのでしょう。「災い転じて福となす」ともいえますが、むしろロードバイクは40年間続けても、まだ飽き足りないほどの魅力があるということです。

私はロードバイクに出会うことができて、本当に幸せだと心底思っています。ロードバイクと歩んできた40年間は、変化に富む素晴らしく充実した日々でした。そしてこれからも、まだまだロードバイクとともに幸せな人生が続くと確信しています。

ロードバイクとの鮮烈な出会い

「自転車競技の元五輪代表」というと、私のことをとんでもなく運動能力に秀でた別世界の人間のように感じる人がいるかもしれません。「もともと運動能力が高いから、当然のように五輪代表になったのだろう」と。

しかし、私はもともと運動が得意だったわけではありません。運動より絵を描くことのほうが好きで、中学・高校ともに美術部に籍を置き、休日には美術館巡りをするような〝文化系人間〟だったのです。

では、キャンバスに筆を走らせていた文化系人間の私が、なぜ自転車競技をはじめたのか――。

そもそものきっかけは、**「自転車のシンプルな美しさに惹かれたこと」**でした。

たしか高校2年生、17歳のころだったと思います。自宅の近くを歩いているときに、私の目の前をロードバイクに乗った青年が颯爽と通りすぎていったのです。40年以上前のことですが、今でも鮮明に目に浮かび上がってきます。

当時、ロードバイクは滅多に目にすることのない珍しい乗り物でした。ドロップハンドルに細いタイヤの美しさ、無駄を排したフォルム――「格好いいなぁ」「あれほど美しいものはない」「機能美の極致だ！」と、頭の中は絶賛の嵐。

あのとき、はじめて目にしたロードバイクは、どんな絵画より新鮮かつ強烈なインパクトを与え、40年以上たった今でも私の脳裏に深く焼きついているのです。

ロードバイクは運動オンチのスポーツだった?

今でこそ世の中の健康志向の高まりとともにロードバイクの認知度は高まり、人気スポーツとしても認知されています。ところが40年以上前の当時、「運動神経抜群」といわれるような人は、たいがい野球やサッカーなどの球技をしていたものです。

それに対してロードバイクは、どちらかというとスポーツに乗り遅れた人が楽しんでいるような感すらありました。だからこそ、**「今からでも遅くない、はじめてみよう!」**と思えたのです。

ロードバイクとの鮮烈な出会いからしばらくして、念願の愛車を手に入れることができました。たしか5万~6万円くらい、せっせと貯金して、電車に乗って大阪の自宅から京都の自転車店まで買いにいったのです。

はじめて手にしたロードバイクに乗ってみてわかりました。**「美しいだけじゃない、楽しい、気持ちいい！」**と。私の性にとても合っていたのです。

ロードバイクに魅せられた私は、自分の脚で登坂して峠を越えたり、遠くまで足を延ばしたりすることで、それまで味わったことのない達成感に満ちました。もちろん、自分が五輪を目指す立場になるとは、そのころは思ってもいませんでした。

ロードバイクに乗りはじめて2年くらいたったとき、自転車仲間からレースに誘われ、試しに出てみました。これが自転車競技をはじめたきっかけです。

地元の〝坂上り記録会〟（当時はまだ「ヒルクライム」などというハイカラな言葉はなかったのです……）からはじまり、草ロードレース、トラックレースにも出て、集団で走りながら駆け引きしていると、楽しくて、楽しくて！　またレースに出るからには勝ちたいと思って、楽しみながら練習しているうちにどんどん強くなっていきました。

「シマノ」のライバルとして世界を転戦

そうこうしているとスカウトのお声がかかり、「マエダ工業」という自転車部品メーカーに入社。同社の実業団チーム「サンツアーレーシング」に入部して、自転車競技を続けることになりました。それから、あれよあれよという間に日本記録を樹立、五輪代表に選ばれ——というのが正直なところです。

五輪こそボイコットによって参加できなかったのですが、世界選手権などへの遠征で世界各国を転戦し、年間100日以上を海外ですごすような生活を送っていました。

自分でいうのもなんですが、当時は本当に強かったです。そのころは日本と世界の競技力の差が今よりずっと小さかったように思います。私も欧州の有名なトッププロとともに逃げを演じることができました。

自転車競技の第一線は23歳で退きました。それから自転車競技は趣味で続ける程度。勤務先のマエダ工業で自転車部品の市場調査から企画、デザイン、販売まで総合的に携わることで、渾身の製品を作り出すことに全精力を傾けていました。

同社のブランド「サンツアー」は当時、変速機などのコンポーネントの分野で、世界を代表するトップメーカー「シマノ」のライバルとされる実力派メーカーでしたから、今度は仕事で世界各国を転戦することになったのです。この期間もまた充実し、輝いていた時期でした。

マウンテンバイクを日本に紹介

「マウンテンバイク」と聞けば今や誰もが知っていると思いますが、私は1980年代の黎明期のマウンテンバイクに深くかかわっていました。「マウンテンバイクを日本に紹介したのは私です」といっても関係者に怒られないでしょう(笑)。

こうした時期に仕事を通じて得た自転車の高い専門知識やもの創りに対する思いが、のちの自転車人生に大いに役立ちました。ロードバイク専門誌で5年間も連載コラムを執筆し続けていますが、それもこのころの経験が大いに役立っています。

その後、マエダ工業をとり巻いてはM&A(合併買収)などの変遷がありました。現在は「モリ工業」の一員となることができ、私は20年ほど前からシルベストサイクルで店長の職を務めさせていただいているわけです。

会社とともに私自身もいろいろと変遷をへていますが、新卒入社から現在に至るまで一度も会社を辞めることなく、一貫してロードバイクに携わっています。

余談になるかもしれませんが、「シルベストサイクルってどういう意味ですか？」とよく聞かれます。その答えは、「シルバーがベスト」。ステンレスパイプのトップメーカーを母体にしていることから、ステンレス色のシルバーという意味合いも含みますが、**頂点を目指して挑戦し続けるシルバーメダリストの如く、挑戦者の気持ちで向上心を常に忘れずにいたい――そういう意味での「シルバーがベスト（シルベスト）」なのです。**

「楽しく乗る」からこそ続けられた

私は還暦を迎え、孫もいる正真正銘の「おじいちゃん」ですが、身体年齢は並外れた若さを保っていると思っています。57歳のときには実業団レースで優勝しましたが、これは実業団レース優勝の最年長記録です。59歳で迎えた昨シーズンも同じレースで入賞しています。

私くらいの年齢になると「エイジグループ」という年代別のレースに出るのが一般的ですが、私の場合、年齢不問のレースに踏みとどまっての記録です。

身体年齢より精神年齢のほうが若いのかもしれません。「去年より今年のほうが強くありたい」と思っているうちは、何歳になっても青春を謳歌する気持ちでいられることを実感しています。

「実業団レースで優勝」というと、「相当ストイックな練習を積んでいるのだろう」と思われるかもしれません。しかし、今もそうですが、私は若いころから他の一流アスリートのように練習も食事もストイックに追い込むタイプではありませんでした。

自転車競技をはじめた20歳のころは、まだ喫煙者だったくらいで、レースの1週間くらい前から禁煙してレースに臨むなんてこともありました。私は一貫して「楽しく乗る」ことに重きを置いてきたのです。

愛すべきワクワクの世界

「これからロードバイクに乗ってみたいな」と思っている未経験者も、乗りはじめたばかりの初心者も、どうか安心してください。文化系人間の私でも強くなれたのですから。

これといって運動経験のない人でも、ちょっとしたコツを覚えたり工夫したりすることで十分に楽しめますし、強くもなれるのです。運動経験がある人なら、あっという間に強くなってレースで活躍するようになるかもしれません。

いずれにせよ、私はこの本を手にとってくださった皆さんが、ロードバイクを思う存分、心から楽しむための後押しをしたい。また、ロードバイクに乗っていてぶつかりやすい壁を乗り越えるためのお手伝いをしたい。そんな思いに満ちています。

もちろん、初心者だけでなく、経験を積んだベテランにも役立つノウハウを公開していきます。40年間にわたる経験を下敷きとする私のやり方なら、きっと無理なくついてきてもらえるでしょう。そして、きっと幸せになります。

ロードバイクは愛すべき〝最上のワクワク〟がたくさん詰まった趣味でありスポーツです。この本を手にとってくださったあなたは、幸運なことに今、その愛すべきワクワクがたくさん詰まった世界の入り口に立っています。

さあ、ワクワクのロードバイクの世界に入りましょう！　これから誠心誠意、全力で案内させていただきます。

第1章

生涯現役
サイクリスト宣言

40代、50代でもまだまだ強くなれる

　ロードバイクは、ゴルフやスキーのような〝機材スポーツ〟です。ゴルフでもある程度、クラブという機材に頼ることで飛距離を延ばすことができますが、ロードバイクでもある程度、機材に頼ることができます。

　しかし、あくまでも基本はロードバイクのエンジンとなる〝己《おのれ》の体力〟。極論ですが、体力がゼロならばロードバイクに乗ることさえできません。

　その点、ロードバイクには、うれしい特徴があります。

　それは、「**加齢による体力の衰えを機材やテクニックでカバーできる**」ということです。次項で詳しく説明しますが、私たちの体力のポテンシャル（潜在能力）は20代後半で頂点を迎えます。それ以降は基本的に下り坂ということです。

　それでも残念がる必要はありません。還暦を迎える私でも、息子より若くて実力も勢いもあるような若者と同じレースで走れますし、時々勝つこともあるのです。

ロングライドのイベントでも、若者より元気な40代、50代のライダーはたくさんいます。他のスポーツだと、このような光景はあまり見かけないのではないでしょうか。

ちなみにロードバイクの本場・欧州では、サッカーと二分するほどの大人気スポーツなんです。〝大人の趣味〟としても認知されていて、スポーツ自転車の所有台数は人口比で日本の10倍ともいわれています。

日本に置き換えると、プロ野球やサッカーのJリーグとロードレースが肩を並べるほどの人気ということ。ちょっと想像できないかもしれませんが、それだけに日本でロードバイクがもっと普及する余地が、かなり多く残されているともいえるでしょう。

オヤジ世代の伸びしろはたくさん残されている

この本を読んでくださっている人の多くは、アラフォー以上の世代ではないかと予測しています。

「今からはじめるのでは遅いかな……」

と特に体力面での不安を感じ、なかなか一歩を踏み出せないでいる人もいるかもしれません。

そのような人の背中を押すために、私はいいたいのです。

「何歳からでも遅くはないですよ！」と。

むしろ、体力にものをいわせて走る若いときより、人生経験を重ねていろいろと自己探究できるような年齢になってからはじめたほうが、ロードバイクの世界を創意工夫しながら楽しめるかもしれません。

しかも、アラフォー以上の世代だとしても、これまでごく普通にすごしてきた人なら、体力的な伸びしろが、たくさん残されています。実際、わがクラブチーム「クラブシルベスト」の主力もアラフォー以上からはじめたライダーたちですが、それぞれにグングン強くなっているのです。

次ページの図は、年齢（横軸）とパフォーマンス（縦軸）の相関関係をイメージ化したものです。読者の皆さんのほとんどは、「加齢とともにパフォーマンスは落ちる」というイメージをお持ちかと思います。しかし、私の経験からすると、それが当てはまるのは「ごく一部のトップアスリートだけ」です。

正しい認識としては、**「加齢によってパフォーマンスが落ちるのではなく、パフォーマンスの〝限界値〟が下がる」**のです。ちょっとややこしい表現になったので、詳しく説明しましょう。

ヒトのパフォーマンスの限界値は20代後半がピークですが、もし限界値に近いレベルまで鍛えているトッププロなら、伸びしろはほとんどないため、加齢とともに体力や競技力の衰えを感じるでしょう。

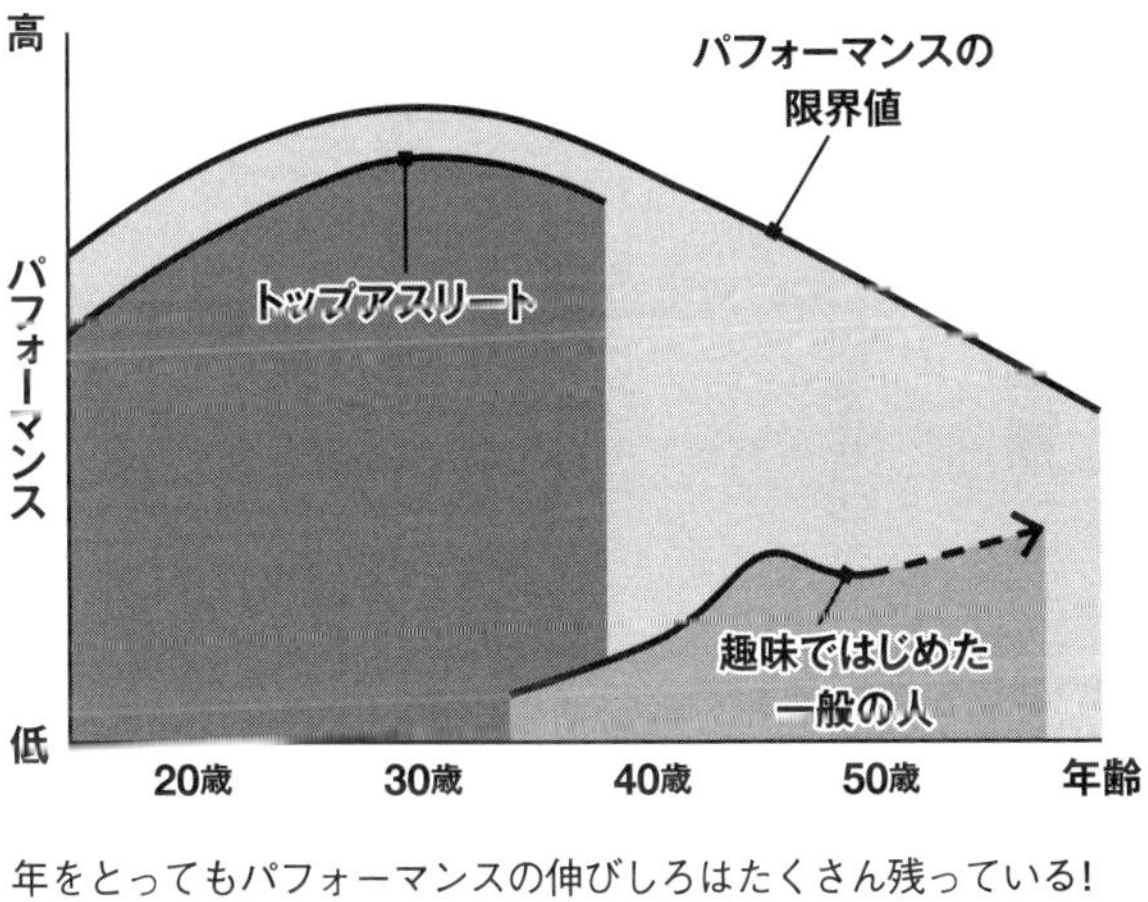

年をとってもパフォーマンスの伸びしろはたくさん残っている！

極限まで鍛え上げたアスリートがしのぎを削るトッププロの世界では、ほんの数％のパフォーマンスが勝敗を分けるので、加齢によるパフォーマンスの限界値の低下が現役引退につながるわけです。

しかし、トッププロではない、私たち一般のアマチュアライダーは、現在の体力や競技力はそれほど高くないので、パフォーマンスの限界値までの伸びしろが、たくさん残されています。もちろん個人差はありますが、いずれにせよ限界値までのパフォーマンスアップは、まだまだ可能なのです。

50代にして〝自分史上最強〟も可能だ！

まずは「年をとったらもう強くはなれない」という間違った固定観念をとり外すことです。

断言しましょう。年をとっても、今の自分より強くなれます。実際、クラブシルベストの仲間たちも、フルタイムワーカーで40歳をすぎてからロードバイクに乗りはじめる

人が多いのですが、50歳をすぎても〝自分史上最強〟のライダーがたくさんいるのです。

ところで、プロ野球やサッカーで、年齢を重ねても第一線で活躍する選手が昔に比べて増えているような気がしませんか？　私がモスクワ五輪代表に選ばれた１９７０年代後半、自転車競技の現役引退は22、23歳がひとつの目安でした。30歳前後にもなって現役でいると「まだ走っているの？」というような目を向けられたものです。

それが今やトッププロでも、アラフィフ世代の選手が活躍しています。サッカーであれば、横浜ＦＣの〝キング・カズ〟こと三浦知良選手が48歳にして現役で活躍していますし、中日ドラゴンズの山本昌投手が50歳を迎えるシーズンを現役で投げています。

これは本人の鍛錬もありますが、体のケアやサプリメントなど、心身両面で老化を防ぐノウハウが研究されてきた成果も大きいでしょう。

いずれにせよ、加齢はロードバイクをはじめるにあたって大きな障壁にはなりません。練習することによって強くなれますし、機材やテクニックが体力をカバーしてくれる面があることを考えると、私はロードバイクこそ最高の生涯スポーツだと思うのです。

バイクを愛でながらおいしい酒を舐める

ロードバイクの楽しみは、走ることだけではありません。

序章で文化系だった私がロードバイクにハマったきっかけが、「自転車のシンプルな美しさに惹かれたこと」と綴りましたが、細い金属のパイプで組まれた当時のクロモリ（クロムモリブデン鋼）のフレームは、無駄をそぎ落とした機能美の極致といえます。

そのフレームに搭載されるディレイラー（変速機）やクランク、ブレーキなどからなるコンポーネントは、それ単体で機械としての美しさをたたえていますし、これらが組み合わされて1台のバイクになった姿もまた美しいものです。

ロードバイク愛好家のなかには、すでに製造中止になったヴィンテージの部品やバイクの収集家もいるほど。そういう人たちは、「お気に入りのロードバイクを観ながら、おいしい酒を舐める」とおっしゃいます。

そう、ロードバイクには、「愛《め》でる楽しみ」もあるのです。そういう意味では、男性が少年時代に一度は夢中になったであろうプラモデルにどこか似ているかもしれません。

愛車を自分色に染める

「愛車をカスタマイズして自分色に染める」という楽しみもあります。ロードバイクはフレームにディレイラーやクランク、ブレーキなどのコンポーネント、それにホイールやタイヤなどのパーツが組み合わされてできています。

ロードバイクのこうしたパーツは規格化されているので、国内外のメーカーを問わず、好みのパーツに組み替えることができます。自分の好みによって、どのような色にも染められるわけです。

カスタマイズの王道は、「自分の乗り方に合わせてグレードアップする」こと。

ロングライドを楽しみたい人はタイヤを太いものに替えたり、サドルを快適志向のものに替えたりして快適性を高めることができます。

速く走りたい人は、軽くてよくまわるホイールに交換したり、より高性能のタイヤに交換したりするなどして、パーツを替えるだけで走りが劇的に変わることも珍しくありません。

世界最高峰の自転車レース「ツール・ド・フランス」に出場するようなトッププロと同じ仕様のバイクも簡単に組めます。トッププロのバイクといえば、自動車でいうところのF1マシンにあたるわけですが、F1マシンに値段をつけるとしたらおそらく数億円はくだらないでしょう。しかし、ロードバイクならトッププロと同じ仕様の機材がせいぜい100万円程度で手に入るのです。

軽量化を求めすぎると……

高額な軽量パーツを集めて組めば、愛車をかなり軽量化することができます。軽量のフレームやパーツを組み合わせて〝超軽量バイク〟を組んで楽しむ「軽量マニア」は、古くからいらっしゃいます。

「国際自転車競技連合（UCI）」という自転車競技の国際統括団体の規定では、機材の過度な軽量化を防ぐため、最低重量を「6・8kg」と規定しています（2015年現在）。しかし、最近では4kg台のバイクを組む軽量マニアもいらっしゃるようですし、大手メーカーの2015年モデルで4kg台半ばという完成車も市販されて注目を集めました。

一般的なママチャリは20kgぐらいありますから、いかに軽いかがわかります。ただし、超軽量バイクを組むとなると、ものすごくお金がかかりますが……。

一般的なロードバイクは、完成車で7～9kg程度。それでもママチャリの3分の1から半分程度の重量ですから、十分軽いです。

もっと手軽なカスタマイズでは、フレームやウェアに合わせて好きな色のパーツでカラーコーディネートすることも定番となっています。

サドルやバーテープ、タイヤなど、カラフルなパーツはいろいろとありますが、デザインやカラーに統一感が出ると、それだけでワンランク上のバイクになったように見えるものです。

このように愛車を自分色に染めていくのも、ロードバイクの楽しみのひとつなのです。

完成に何十年もかかるプラモデル!?

ロードバイクはクルマのように、パーツをカスタマイズして自分好みの1台を作り上げる楽しみがあります。先ほど述べたように、プラモデルのように「観て愛でる」という楽しみもあるわけです。

しかし、クルマやプラモデルと決定的に違うところがいくつかあります。

ひとつは、ロードバイクのカスタマイズはクルマよりはるかに組み合わせが多いことです。毎年のように最新のフレームやパーツ、ホイールなどが出て、そのほとんどが自由に組み合わせられるという互換性の高さは、クルマでは考えられないこと。

気に入ったフレームを買って、ホイールやパーツ、コンポーネントを替えていると、いつしか次のパーツが出て、そしてまた新しいパーツを組み込んで……と迷宮に入りこむこともよくあります。

もうひとつは、愛車がいくら格好よくなっても、ライダーがそれに見合うパフォーマ

ンスを発揮できないと、本当の意味で完成とはならないことです。

プラモデルは作って飾ったらそれで完成ということになるでしょうが、ロードバイクはライダーも含めたモデルです。つまり、バイクをチューンナップしていくと同時に、ライダー自身の体もチューンナップして、颯爽と走れてこそ形になるわけです。

そういう意味では、ロードバイクは完成に何十年もかかるプラモデルといっても過言ではないでしょう。

第2章

失敗しないロードバイク購入テクニック

『弱虫ペダル』がきっかけで乗りはじめる人が急増中

皆さんは何をきっかけにロードバイクに興味を持ちましたか?

シルベストサイクルのお客様に多いのは、男女とも「健康のため」という人、女性に限れば「美容のため」という人も多いです。

最近の傾向としては、『弱虫ペダル』を読んで(アニメを観て)というお客様も増えています。『弱虫ペダル』とは、『週刊少年チャンピオン』で連載中のロードバイクをテーマにした漫画。コミックスは累計1000万部突破、テレビ東京系放映のテレビアニメも大人気で、2015年夏には映画も公開されるとのこと。

作中では、それぞれの登場人物が実在するブランドのロードバイクに乗っているのですが、好みの登場人物が乗るバイクを指定買いする人もいるほどの人気です。

そんな『弱虫ペダル』ファンにして「ロードバイクを買おう!」と決断されたお客様が素晴らしいのは、レースをも念頭において積極的に練習する姿勢が際立っているところです。若い女性が多いのも特徴です。

以前はアラフォー以上の男性客が中心でしたから、ロードバイク業界は『弱虫ペダル』をきっかけに新たなファン層を獲得したことになります。なかには〝弱虫ペダル・バブル〟なんていう人もいるくらいです。

「どこで購入するか」それが問題だ

さて、『弱虫ペダル』がきっかけであれ、健康診断の数値悪化がきっかけであれ、ロードバイクに興味を持っていただけることは、この上ない喜びです。

そこで次に具体的な第一歩を踏み出すお手伝いとして、ロードバイク購入の際に気をつけるべきポイントについてお伝えしたいと思います。

まず気をつけるべきは、「どこで購入するか」ということ。

今はインターネット通販で何でも購入できるようになりました。しかも実店舗より安く売られていることが大半です。皆さんのなかにも、ロードバイクをネット通販で買おうと思っていらっしゃる人がいるかもしれません。

でも、ネット通販で買うことはおすすめできません。特に初心者は、実店舗で買われることを強くおすすめします。家電製品や雑貨のように「どこで買っても同じ」ではないからです。

これは何も私がロードバイク専門店の店長だからいっているわけではありません。ロードバイクは頑張ればクルマ並みに高速走行することができる乗り物。極細のタイヤの上に命を預ける乗り物なのです。

それだけに乗り手一人ひとりの体格や柔軟性、乗り方に合ったバイクを選び、プロの手によってしっかりと組み上げないと本来の性能を発揮できず、危険です。

後で詳しく説明しますが、組み上がった完成車のハンドルやサドルの位置などを微調整して自分のためのオンリーワンを組んでもらわないと最悪の場合事故につながりますし、思う存分ロードバイクを楽しめないのです。

ロードバイクで何をしたいか

ロードバイクを買うときにまず考えてもらいたいのは「ロードバイクで何をしたいか？」ということです。

通勤や通学をしたいのか、週末にサイクリングをしたいのか、マイペースで長距離を走ってみたいのか、レースに出たいのか……。「志向」が明確であればあるほど、その志向に見合った適切なモデルを選びやすくなります。

もちろん、買ってから乗っているうちに自分の志向がだんだんと変わっていくかもしれません。通勤ライドだけのつもりが、毎週のようにロングライドを楽しむようになったり、仲間に誘われてレースに出たりするようになるかもしれません。そして、往々にしてそういうことが起こるものです。

シルベストサイクルのお客様にも当初は「レースなんて出るつもりはないですよ～」といっていたものの、ロードバイク仲間に「速いなぁ、レース出たら？」なんて褒められるうちに、いつしかレースをバリバリ走っている……なんていうケースが結構あるのです。

このように志向は初志貫徹するものではありませんが、**まずは現時点で「何をしたいか」をちょっとイメージしてみてください。**

ロードバイクの3つのタイプ

現在のところロードバイクのフレーム素材は、大まかに分けて4種類あります。最も歴史が長い「スチール（鉄）」、コストパフォーマンスの高い「アルミ」、現在主流となっている最先端素材の「カーボン」、ややマニアックな「チタン」です。

また、ロードバイクは志向性によって「オーソドックスなロード」「エアロロード」「ロングライド」と3つのタイプに分かれます。それぞれの特徴を見ていきましょう。

◎オーソドックスなロード

オーソドックスなロードは、「ロードレーサー」という昔ながらのレース向けをベースにしたモデルです。軽量なモデルが多く、上り坂も軽快に走れるのが特徴。ヘッドチューブは短めか標準的な長さで、比較的前傾のきついフォームで乗ることになるので、あらゆるレースに使えます。

フレームの形状もオーソドックスで、横風の影響も比較的受けにくいです。フレーム素材は最先端素材のカーボンからアルミ、チタン、スチールなど、さまざまなバリエーションがあり、素材の違いによって乗り味も大きく変わります。

オーソドックスなロードにして極上のアルミ製フレーム
「キャノンデール CAAD10」

基本的にはレース向けですが、ヒルクライムやロングライドもそつなくこなせます。迷ったら「トレック」「スペシャライズド」「キャノンデール」といった米メジャーブランドのこのタイプのバイクを選んでおけば、コストパフォーマンスもよく間違いないでしょう。

◎エアロロード

エアロロードは、フレーム形状をより空気抵抗の少ない形にすることで、平地の巡航性能を高めた比較的新しいカテゴリーです。昔は金属のパイプをつないでフレームを作っていたため、フレームは丸いチューブの組み合わせであることがほとんどでしたが、フレームの加工技術の向上でさまざまな形にフレーム各部を加工できるようになっています。

特徴としては、空力性能を高めるため、前面投影面積を減らした形状になっていること。前から見ると驚くほど薄く見え、横から見るとすごみのあるデザインになっているので、どこかマッチョで、無条件に格好いいです。フレーム素材はカーボンが中心で、アルミのモデルもごく少数ながらあります。

用途は平坦コースのレースやエンデューロ（耐久レース）向け。乗り味が硬いモデルもなかにはありますが、ロングライドも十分守備範囲です。軽いモデルも多く出てきたので登坂もそつなくこなせるようになってきました。

◎ロングライド向けロード

文字通りロングライドに最適化されたロードバイクで、これも機能特化型の比較的新しい派生モデルです。特徴は、ハンドル位置が

横から見ると太いフレームがすごみのあるエアロロード
「フェルトAR5」

少しだけ高く、近くなるようなフレームデザインになっていること。上体を起こして前傾姿勢のきつくないフォームで乗れるので、ロングライドでも腰が痛くなりにくく、呼吸がラク。結果として「長距離をラクに走れる」というわけです。「メタボなお腹のせいで前傾姿勢がきつい」という人のファーストバイクにもおすすめです。

一方、上体が起きたフォームで乗るということは、空気抵抗が高まることになるのでロードレースのようなハイスピードを持続することが難しい面もあります。エンデューロのような比較的マイペースで楽しむようなレー

ハンドル位置が高く快適性重視のロングライド向けロード
「スペシャライズド　ROUBAIX SL4 SPORT」

スには向いています。フレーム素材はカーボンがほとんどで、一部アルミフレームのモデルも見られます。

これらの特徴をふまえて、自分の目的に最適なタイプの目星をつけてみてください。

予算が違えばバイクも変わる

ロードバイクのタイプやフレーム素材の違いを押さえたうえで、「予算はいくらぐらいか」という少し現実的な点も考えてみましょう。ロードバイクの価格帯は、8万円前後から100万円を大幅に超えるようなものまで幅広くあります。

価格帯は「10万円クラス」「20万円クラス」「100万円クラス」が、注目すべき境界線といえるでしょう。

ちなみにこれはバイクだけの価格。ヘルメット、ウェア、専用シューズ、ペダルやライトなどのパーツ類、空気入れのような最低限用意すべき備品など、バイク以外にも予算を確保していただかなくてはいけません。

軽快な走りを楽しむには最低限10万円クラス

ロードバイクの軽快な走りを楽しむ最低限の価格帯は、10万円クラスだと思います。この価格帯のバイクは、アルミかスチールの金属製フレームを採用し、リアの変速段数が9段程度のスポーツ自転車向けの基本的なコンポーネントを搭載しており、スポーティーな走りを楽しめます。ロングライドイベントに参加しても、そこそこ楽しめるのが、この価格帯のバイクです。

20万円クラスになるとレースも楽しめる

次に注目すべき価格帯は20万円クラスです。このクラスになるとリアの変速段数が11段ある本格的なレーシングコンポーネントを搭載するモデルや、カーボンフレームを採用したモデルにも手が届きます。

カーボンフレームは炭素繊維と樹脂で作られたフレームで、軽量で振動吸収性が高く、フレームの剛性（カッチリ感＝剛性が高いとダイレクト感が高まり、ペダリング時のパワーをロスしにくい）に優れているという特徴があります。

20万円台前半だとレーシングコンポーネントかカーボンフレームのいずれかのみのことが多いのですが、30万円近くなるとカーボンフレームにレーシングコンポを搭載したモデルが手に入ります。レースもイベントも楽しみたいなら、最初から20万円クラスのバイクを購入できれば理想的です。

100万円出せばプロスペックのバイクも買える

最後は100万円クラスのバイクです。100万円も出せば、ツール・ド・フランスなどで活躍するトッププロと同等以上の最高峰のレーシングマシンが手に入ります。超軽量で非常に剛性の高いレース向けの最高級カーボンフレームに、最高峰のレーシングコンポーネントはもちろん、場合によっては決戦用の超軽量のカーボンリムホイールまで標準装備されている完成車もあります。ハンドルやサドルなどのパーツ類も、軽量のものが標準装備されていることが多いです。

その乗り味はまさに異次元。ペダルを踏み込んだ瞬間、その違いがわかるほどです。

価格と性能は完全に比例するわけではない

このような価格の話をすると、「なるべく高額なロードバイクを購入したほうがいいのか」と思われるかもしれません。しかし、私は必ずしもそうではないと思っています。

価格と性能は完全に比例するわけではないからです。


わかりやすく説明するために、100万円クラスのパフォーマンスを100としましょう。これを基準にすると、20万円クラスの性能は、個人的には95ぐらいはあると思います。10万円クラスのロードバイクでも90ぐらいはあるのではないでしょうか。

費用対効果という意味では、「10万円クラスのロードバイクで十分」といえますね。

では、高価なロードバイクの何がそんなに違うのかというと、一番の違いは「軽量」だということです。カタログなどを見るとわかりますが、高価なモデルは総じて軽量なのです。

軽量なモデルが好まれるのは、登坂や加速をするときに有利だからです。ロードバイクのエンジン（動力）はライダー自身。バイクが重くても軽くても、エンジンの性能、つまり動力は変わりません。重力に逆らって登坂するにはバイクは軽いほうが有利ですし、加速させるときにも軽いほうが鋭く力強くスピードに乗せることができるわけです。

好みのパーツで組み上げる〝フレーム組み〟

ロードバイクは、フレームやホイールなどがセットになった完成車だけでなく、自分の好みのパーツをバラで購入して理想のバイクを組み上げることもできます。これがいわゆる〝フレーム組み〟バイクと呼ばれるものです。

ロードバイクのパーツは、サドルひとつとっても、実にさまざまな種類があります。完成車はあらかじめ決まったパーツが装備されているので、ステムの突き出し量やハンドル幅などが自分の体格と合わないケースも出てきます。

その点、フレーム組みならゼロベースから自分好みのパーツで、かつ体格に合わせたサイズも選べるので無駄が少なく、理想のバイクをゲットする一番の近道となります。服でいうならオーダーメイドで注文するようなものですから、贅沢な買い方ではありますが、間違いのない買い方ともいえます。

「フレームは高いもので、他のパーツはなるべく安く」と一点豪華主義的にも対応できますし、パーツのグレードを問わなければ、組み合わせ次第で市販の完成車よりお値打ちのバイクを組み上げることもできます。

とはいえフレーム組みは、パーツに関する専門知識がないと難しいのも事実。また、**完成車と同程度のグレードのバイクをフレーム組みで組み上げるとなると、実際にはやや割高になるケースがほとんどです。**

なかなか一筋縄ではいきませんから、フレーム組みに興味がある人は一度、信頼できるプロショップのスタッフに相談するところからはじめてみてください。

グレードアップで走行感が劇的に変わる

ロードバイクは購入した状態でも乗り続けることができるのですが、パーツをグレードアップして自分好みのバイクに仕上げていくことで、楽しみはさらに広がります。

パーツをより高いグレードに交換していくと走行感が劇的に変わり、まるで別のバイクのように変わってしまうこともあるほどです。

新しいパーツは次々に発売されます。専門誌が毎年別冊で出している「パーツカタログ」には、数千点にもおよぶ定番・新製品パーツが掲載されます。愛車を愛でるサイクリストに「目移りするな」というのは、到底無理な話かもしれません。

メーカーのうたうセールストークが魅力的だったりすると、「使ってみたい！」と思うのがサイクリストの性《さが》というものです。でも、すべてを手に入れるのは大富豪でもない限り無理なこと。そこで効果的にグレードアップを楽しむコツを紹介しましょう。

少ない投資で走りが変わるタイヤ&チューブ

「あまりお金をかけずに走行感を変えたい」という人は、とりあえずタイヤとチューブを交換してみましょう。

ホイール外周部の軽量化は、他のパーツに比べて4～5倍の効果があるといわれています。

ホイール外周部のタイヤとチューブを軽くすると、走りが軽くなります。特に「登坂の軽快さ」と「加速の乗りのよさ」が体感できるほどに変わります。

タイヤは唯一地面と接するパーツですから、走行感に与える影響が非常に大きいのです。上位グレードのタイヤは、「転がり抵抗」が少なくてスムーズに転がり、かつグリップ力にも優れ、コーナーでの安心感も違います。

ショップには本当にいろいろなタイヤが並んでいます。種類が多すぎて「何を使ったらいいのかわからない」という人もいらっしゃるくらいです。

そんなときは、

「もうちょっと走りを軽くしたい」

「乗り心地のいいタイヤに替えたい」

などとショップのスタッフに要望を伝えて相談してみると話が早いでしょう。


次にチューブ。普段はタイヤの内部に入っていて見えない〝縁の下の力持ち〟ですが、今では最もスタンダードな方式となった「クリンチャー」では欠かせないアイテムです。「たかがチューブ」と侮るなかれ。丈夫さ重視の厚手タイプから、軽さ重視の極薄タイプまで数多くの種類があります。もともと軽いチューブでも、タイプによって重さが数十gも違ったりするので、走行感覚に大きく影響を及ぼすのです。

一番効果があるのはホイール交換

ある程度の予算が用意できるなら、ホイールをグレードアップしてみましょう。なぜなら走行感に最も影響を与えるのはホイールだからです。ホイールを替えるだけで劇的に走りが変わり、まるで違うバイクに乗っているような錯覚に陥ることもあるほどです。

ホイールを選ぶ際は、対応する「タイヤの種類」「リムの素材」「リムハイト（リムの高さ）」に注意します。まずは、対応するタイヤの種類を見ていきましょう。

タイヤの3つの種類

◎クリンチャー

ママチャリと同じくタイヤの内部にチューブが入っている最もポピュラーな方式です。タイヤの「ビード」と呼ばれる部分をチューブの空気圧によってリムに引っかけてタイヤを保持しています。

メリット

- **パンク修理が簡単**
- **タイヤの種類が多い**

×デメリット

●ホイールとのトータルで考えると、やや重量が重くなる
●ある程度空気圧を高めにしておかないと、段差に乗り上げたときにリムがチューブを傷つけるリム打ちパンクに見舞われる。リム打ちパンクは、クリンチャータイヤのパンクの主な原因のひとつ
●チューブとタイヤが走行中にかすかにずれることでダイレクト感にやや欠ける
●パンクをしたときに一気に空気が抜けてしまうことがある

◎チューブラー

今はクリンチャーが主流ですが、かつてはチューブラーと呼ばれるタイプが主流でした。タイヤの内側にチューブを縫い込んだドーナツのようなタイヤを、リムセメントや専用のテープでリムに直接貼りつけます。

メリット

●ホイールとのトータルで考えると、最も軽くできる

●空気圧を比較的低めにできるため、乗り心地を重視したい場合によい
●空気圧を下げてもリム打ちパンクの心配がない
●タイヤのなかにチューブが縫い込まれており、走りのダイレクト感が非常に高い
●パンクしたときに比較的空気が抜けるのが遅いので、安全性が高い

✕**デメリット**

●パンク修理は基本的にタイヤを交換する必要があり、出先での修理は不便
●タイヤの選択肢があまり多くない

◎チューブレス

クルマのタイヤと同じように、チューブではなく空気圧でタイヤのビードと呼ばれる部分をリムに圧着させ、タイヤを保持する方式です。チューブレス対応のホイールとチューブレスタイヤを組み合わせて使います。ロードバイクではかなり新しい規格です。チューブレス対応ホイールは、クリンチャータイヤと組み合わせて使うこともできます。

👍メリット

●空気圧を比較的低めにできるので、乗り心地を重視したい場合にいい

●チューブがないのでリム打ちパンクは発生しない

●パンクしたときも比較的空気が抜けるのが遅いので、安全性が高い

●チューブがないので、走りのダイレクト感が高い

●チューブレス対応ホイールは、クリンチャータイヤと組み合わせても使える

×デメリット

●対応タイヤの種類が非常に少ない

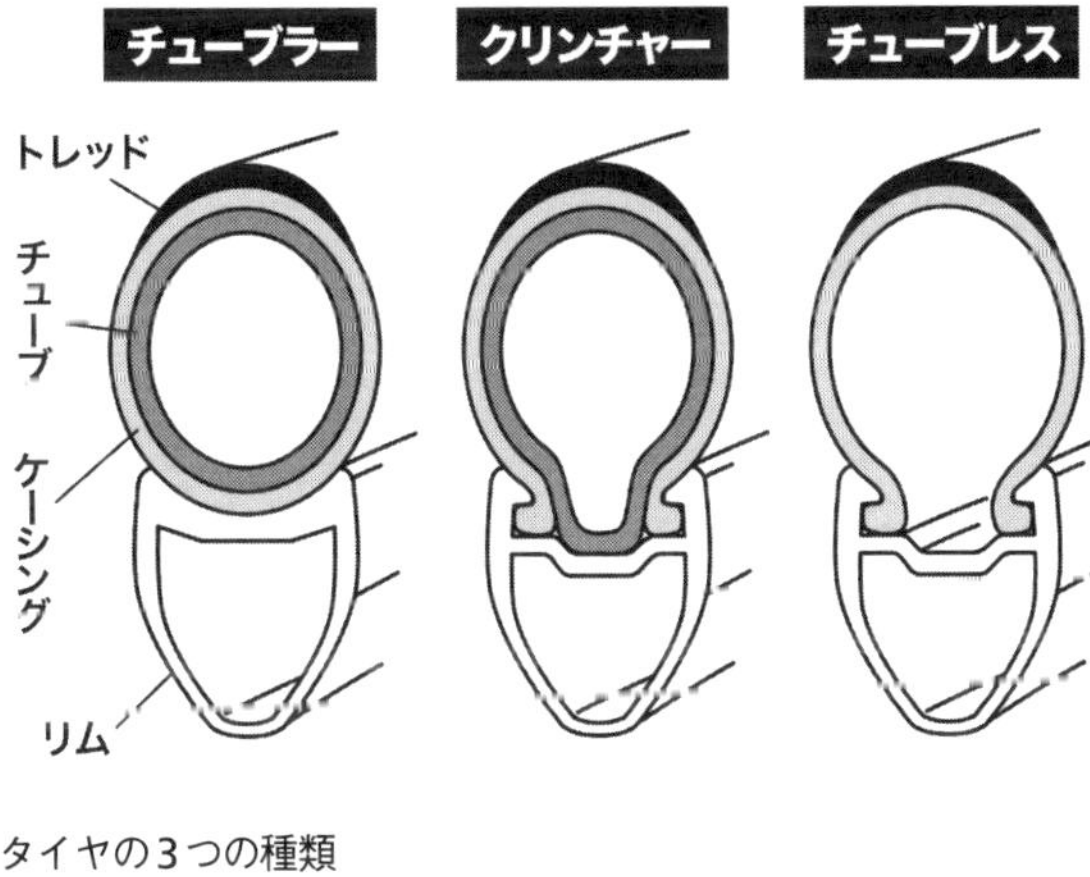

タイヤの3つの種類

- パンク修理が難しい
- 専用のホイールがやや高価で、重量もクリンチャーホイールと比べてやや重い

次はホイールのリムの素材の違いに注目しましょう。大きく分けて「アルミリム」と「カーボンリム」があります。

リムの2つの素材

◎アルミリム

メリット

- 雨天時も安定した制動力が得られる
- 下りなどで長時間ブレーキをかけ続けてもリムへのダメージはほとんどない
- 丈夫
- 比較的安価なモデルが多い

×デメリット

- カーボンリムに比べるとやや重量が重い

◎カーボンリム

メリット

- 重量が軽い
- 造形の自由度の高さを生かし、空力性能に優れたリムを作りやすい

×デメリット

- クリンチャー対応モデルはほとんどない（あってもリム強度を確保するため、重量が重いものが多い）
- 取り扱いに繊細さが求められる
- 下りなどで長時間ブレーキをかけ続けるとリムがダメージを受けやすい

最後は、リムハイト（リムの高さ）です。リムの高さは主に空力性能に影響しますが、大まかにリムハイトの低いものから、ロープロファイル、ミドルハイト、ディープの3種類に分かれます。

3つのリムハイト

◎ロープロファイル（おおむねリムハイト30㎜程度まで）

メリット

- 重量が軽い
- 横風の影響を受けにくい
- 挙動にクセがなく扱いやすい

×デメリット

- 高速巡航時の空力性能はミドルハイト、ディープにかなわない

【推奨用途・コース】

登りの多いコース、ヒルクライム、横風が強いところなど

◎ミドルハイト（おおむねリムハイト30～50㎜未満）

メリット

- 重量が比較的軽い
- 空力性能も比較的高い
- 横風の影響を比較的受けにくい
- 挙動にあまりクセがない

×デメリット

- 特にないが強いていうならすべての面においてロープロファイルとディープの次点

【推奨用途・コース】

アップダウンの多いコース、ヒルクライムなど

◎ディープ（おおむねリムハイト50㎜以上）

👍メリット

●空力性能に優れる

×デメリット

●重量が重め

●横風の影響を受けやすい

●挙動にクセがあり慣れが必要

【推奨用途・コース】

平坦基調の高速コースなど

これらの特徴をふまえ、予算とともに、どのような目的で使うのかをイメージするとあなたに最適なホイールが選べることでしょう。

ホイールは前後バラで買うのもアリ

ホイールは前後ペアで売られているのが普通ですが、前後バラバラでも購入することができます。前輪と後輪に違うホイールを使うのは、かなりおすすめです。**前輪にややリムハイトが低めのホイール、後輪にディープリムホイールを組み合わせると、わかる人から見れば非常に理にかなったツウっぽい選択になります。**

前輪は左右に舵とりするステアリングに大きな影響を与えるので、あまりハイトの高いリムだと横風の影響を受けやすいです。でも、後輪は前輪ほど横風の影響は受けないので、空力性能の高さを存分に享受しつつ、直進安定性も高めようという狙いです。ツール・ド・フランスを走るトッププロも、こういうホイールの使い方をするケースが結構多いです。

より具体的には、前輪にミドルハイト、後輪にディープという組み合わせが万能だと思います。同じブランドのホイールなら、前後輪ハイトの違うホイールを履いても違和感がそれほどなく、むしろツウっぽさ満点になり、格好いいと思います。

カーボンクリンチャーホイールがおすすめ

ここで私がおすすめのホイールを紹介しましょう。それは「カーボンクリンチャーホイール」です。

クリンチャーホイールは、空気圧でタイヤをリムに引っかけるため、チューブラーホイールと比べてリムの強度が求められます。ですから、強度を確保するために重量が重くなりがちというのがこれまでのカーボンクリン

前輪にミドルハイト、後輪にディープがツウっぽい

チャーホイールの定説でした。

しかし、最近では製造技術の進歩で、軽くて強いカーボンクリンチャーホイールが出てきました。「ライトウェイト」「ボントレガー」「ZIPP（ジップ）」「ENVE（エンヴィ）」などのブランドからカーボンクリンチャーホイールが出ていますが、**私のイチオシは「ROVAL（ロヴァール）」の「RAPIDE CLX 40」です。**

40㎜とあらゆるシーンで使いやすいミドルハイト、空力性能の高い太め幅のワイドリムなのに軽量で、しかも豊富なバリエーションがあってパンク修理も簡単なクリンチャータ

私も愛用するイチオシのカーボンクリンチャーホイール
「ROVAL RAPIDE CLX 40」

イヤ対応と、死角はありません。

60㎜ハイトのモデルもあるので、先ほど紹介した前後ハイト違いのホイールを組み合わせるというワザも使えます。日ごろの練習からレースまでこれ1本でOKです。

私も愛用していますが、これはホンマ、エエよぉ〜。

第3章

格好よく乗るためのベストセッティング

大切な〝3つの「ル」〟

ロードバイクは自分の体格に合った適切なフレームサイズを選ぶのはもちろん、適切なフォームで乗れるようにハンドルやサドルの位置を調整しないと乗りこなせません。**適切なフォームとは、「速く」「ロスなく」「安全に」走れるフォームといえます。**逆におかしなフォームとは、「遅く」「ロスの大きい」「危険な」フォーム。これを適切に正せば、それだけでかなり速く、強くなれます。

ハンドルやサドルの位置を調整することを「フィッティング」といいますが、これをせずに自己流のおかしなフォームで乗っていると、疲れるばかりか、体のあちこちが痛くなります。そのまま乗り続けていると、腰などが故障する原因にもなります。

ロードバイクは、フィッティングにより自分だけのオンリーワンの乗り物に仕上げるわけです。

そのポイントは、ライダーとバイクの接点にあります。

自転車に乗るとき、ライダーとバイクとの接点は3つしかないことをお気づきでしょうか。

3つの接点とは、「ハンドル」「サドル」「ペダル」。これらを総称して〝3つの「ル」〟といいます。

ハンドル、サドル、ペダルが適切な位置にフィッティングされてこそ、ロードバイク本来の性能を引き出せます。3つの位置を総称して「ポジション」といい、ハンドル、サドル、ペダルの位置を合わせるフィッティングを「ポジション出し」ともいいます。

私は身長169cmで脚も長くない、典型的な日本人体型です。そんな私が世界の強豪選手と競うため、ポジション出しには長きにわたって創意工夫を凝らしてきました。理想の〝ポジション探しの旅〟は今でも続けていますし、これからも終わることはないでしょう。

筋力の変化や季節の寒暖差からくる体の柔軟性などによっても微妙に変化するものなので、ポジションは一度決めたら、ずっと同じままでいいわけではないのです。

また、自己流で完璧にポジションを出すのは至難の業なので、専門知識を持つショップのスタッフの助けが欠かせません。ここでは知識としてポジション出しのポイントを押さえておくことにしましょう。

正しいポジションを出せば格好よく見える

正しいポジションは、ライダーの手・脚・胴の長さ、体の柔軟性などによって決まってきます。

ロードバイクを熟知したプロショップでは、納車時にバイクのポジションをある程度合わせてもらえることが多いです。そういうところで見てもらえれば、9割方マッチするポジションが出せるでしょう。これをベースにして、あとは微調整すれば万全です。

最初にちゃんと正しいポジションを出してもらうと、自己流のポジションで乗るのに比べて正しいフォームに早くたどり着きますし、サドル、ペダル、ハンドルの3点で体重を分散して支えるので、走行中に特定の部位が痛くなるということはまずありません。

正しくポジションが出ていない人は、ハンドルかサドルに荷重がかかりがちです。ハンドルに荷重がかかりすぎると、手のひらが痛くなったりしびれたりします。サドルに荷重がかかりすぎると、お尻や股間のデリケートな部分が痛くなったりします。

何より、正しいポジションを出して乗るライダーは、格好よく見えるのです。

一番大切なのはフレームのサイズ

正しいポジション出しのためには、自分の体に合うフレームのサイズを選ぶことが大前提です。

フレームサイズは、メーカーによって表記が違いますが、普通は「トップチューブ」の長さで見ます。トップチューブの長さは、ライダーの胴の長さでほぼサイズが決まってくるからです。

ステムの長さである程度微調整はできますが、大きすぎるフレームだとステムを短くするのも限度があります。

かつてはシートチューブの長さがサイズの目安になっていたこともありましたが、シートポストの出しろである程度調整できるため、身長150㎝台など背の低い人以外はそれほど重視しなくてもいいでしょう。

ブランドによっては、各フレームサイズに適応身長を明記している場合もあるので、そのときは適応身長を参考にフレームサイズを決めればほぼ間違いありませんが、ごく大雑把な目安をあえて紹介すると以下のようになります。

●身長160㎝ではトップチューブの長さ

フレームサイズはトップチューブの長さが目安

520㎜程度
●身長170㎝ではトップチューブの長さ530㎜程度
●身長180㎝ではトップチューブの長さ550㎜程度

欧州選手のポジションを真似しない

ロードバイクは欧州で誕生しただけに、タイヤのサイズやフレームの形状も含め、日本人より大柄で、手脚の長い欧米人向けに作られています。ですから、日本人でも大柄な人が適切なポジションで乗ると、サドルが高く、ステムも長くなって、見た目にも非常に美しいポジションになります。

しかし、欧米人に比べて小柄で手脚も短い大多数の日本人は、欧米人のようにサドルを高くできませんし、ハンドルもある程度近づける必要があるため、ステムも短くなります。

これはバイク単体で見るとあまり格好よくはないかもしれません。だからといって見栄を張ってサドルを高くしすぎたり、ステムを長くしすぎたりして、ハンドル位置を低く遠くしすぎたバイクに乗っていると、とても不格好なフォームで乗ることになります。

「ちょっとでもサドルを高くしたほうが脚が長く見えるから……」なんて、必要以上にサドルを高くして乗る人は、意外と初心者に多いです。

ロードバイクはライダーが乗ってはじめて完成するもの。バイク単体での見た目が格好いいバイクに無理して乗るよりは、自分の体に合ったバイクを意のままに乗りこなすほうが明らかに格好いいのです。

自分である程度正確にポジションを出すには?

ポジションは専門知識を持ったショップのスタッフに出してもらうのが基本ですが、そうはいってもすでにロードバイクを持っている人や、近くに適当なショップがない人がいらっしゃるかもしれません。そういう人のために、自分である程度正確にポジションを出すための方法をお伝えしましょう。

◎クリートはペダルの軸と母指球を合わせる

すべてのポジションの基本は、ビンディングシューズの裏側にあるクリートの位置を決めることからはじまります。

クリートとは、ビンディングシューズの底につけるアタッチメントで、これをビンディングペダルにカチッとはめ込むことで足を固定できます。かかとを横（外側）に押し出すようにひねるとクリートは外れます。

標準的なクリートの位置は、ペダルシャフト（ペダルの軸）の真上に足の親指のつけ根（母指球）が乗るようにセッティングすること。これより前のほうにクリートをつけると脚を高回転でまわしやすくなり、後ろのほうにつけるとペダルにしっかりと力がかかる傾向にあります。最初は調整範囲の真ん中の標準的な位置を試し、それから好みに応じて微調整していくといいでしょう。

シマノなど主要メーカーのクリートには、ペダルシャフトの真上にくる部分に印がついているものが多いので、これを母指球の位置に合わせるといいでしょう。脚が比較的短めの人は、シューズをクランク側に近づけてガニ股にならないようにするといいケースが多いです。

◎サドルの高さは股下×0・88

次に決めるのはサドルの高さです。サドルの高さは股下の長さを測り、その数値に「0・88」をかけた値を基準とします。股下といっても、パンツの股下とはちょっと測り方が違います。

股下を測るときには、ショップにある専用の什器で測るのがベストです。ない場合は、壁沿いに両足を15㎝ほど開いた状態で立ち、

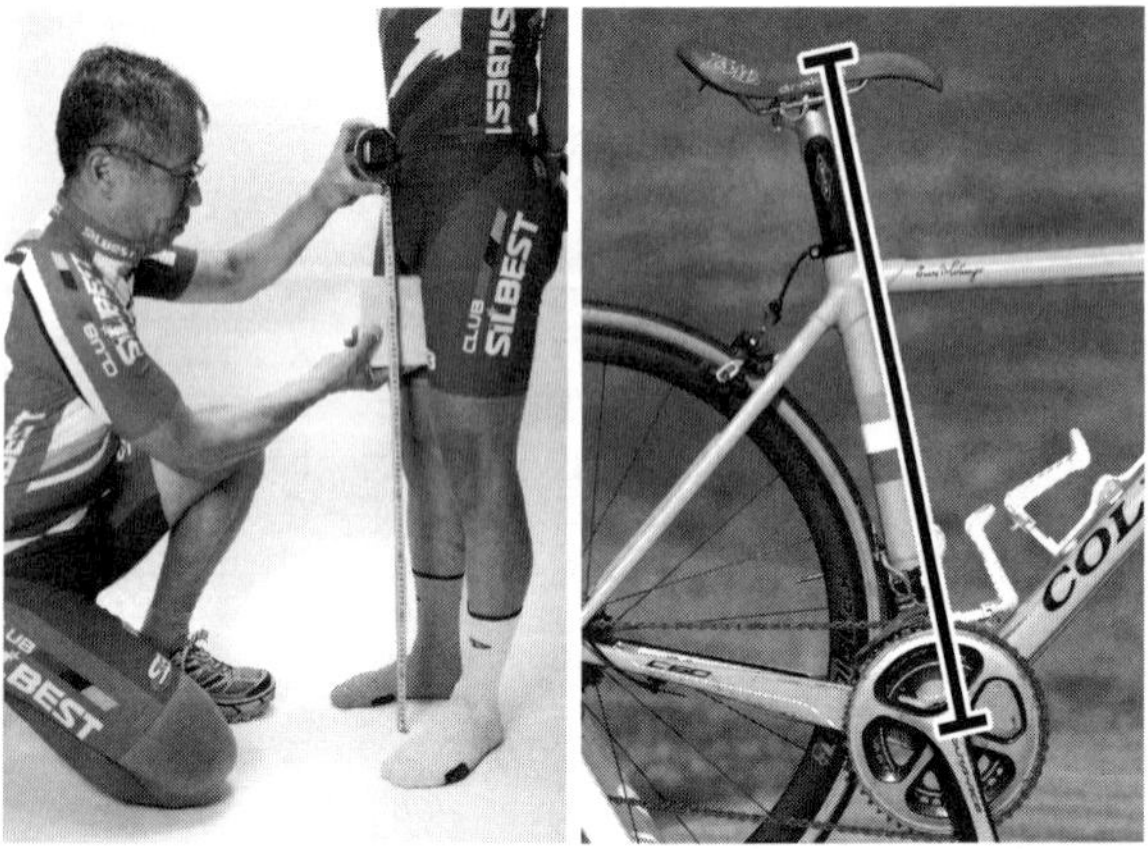

股下の長さ×0.88＝サドル座面からBBシャフト（クランクの軸）

ハードカバーの本を股間に当ててグッと押し上げながら測ります。ロードバイクに乗った状態を再現して計測するためです。

サドル高は、ボトムブラケット（BB）というシャフトの中心からシートチューブの延長線上を通るように、サドルの座面の上端まで伸ばした直線の長さを目安にします。この直線の長さを、先ほど計測した「股下の長さ×0・88」と一致させるのです。

サドル高の目安を簡易的にチェックする方法もあります。サドルに座ってクリートをはめ、ヒザをぴんと伸ばしてかかとを下げたとき、シューズの甲の部分が地面と平行になる

× かかとが上がる

○ シューズの甲が地面と平行

ぐらいがベスト。もしこれが前下がりになっていたらサドルが高すぎます。

◎サドルの前後位置はヒザの皿の表面とクランク先端が一致するように

サドルの前後位置は、サドルに座った状態でクランクを水平にし、ヒザの皿の表面と前に出ているほうのクランクの先端が垂線上に並ぶようにするのが基本です。50㎝程度の糸の先に重りをつけ、それをヒザの皿の表面から垂らして、糸の先がクランクの先端にくればOKということです。

サドルの前後位置を調整した後は、サドル

ヒザの皿の表面とクランクの先端が垂線上に並ぶように

の高さをもう一度チェックします。サドルの前後位置を変えると、BBからサドル座面までの距離が微妙に変化するからです。これが終われば、基本的なサドルの位置は決まりです。

正確なポジションの肝は「SB寸法」にアリ

今から申し上げることは、ポジション出しで私がとても重視していることです。サドルの位置が決まったら、次はハンドルの位置を決めますが、このときに基準にしたいのが、私が提唱した「SB寸法」というサイズです。

SB寸法とは、「サドル（S）」の先端から、ブレーキレバーの握り部分である「ブラケット（B）」までの直線距離です。

ハンドルの位置をステムの突き出し量（長さ）で調整することが多いですが、これだとハンドルを交換したときにリーチ（上ハンのフラット部分から前方にどれだけ突き出しているか）のサイズが変わってしまうことがあります。すると、ブラケットの位置が変わってしまうため、ポジションがかなり大きく変わってしまうのです。
そんな場合でも、このSB寸法とハンドルの落差を測っておけば、ハンドルの形状が変わってもポジションを正確に再現できます。
SB寸法は、どんな人でもある程度、サドルの高さと相関性が見られます。シルベストサイクルで過去十数年に集計したデータを平均すると、プロ選手を含め、ドロップハンドルのロードバイクに乗る人の7～8割は、SB寸法がサドル高に「0・96」をかけた数値の近似値に落ち着いていたのです。

つまりハンドルのセッティングは「サドル

「サドル高×0.96」でハンドルセッティング！

サドルの先端からブラケットまでの直線距離「SB寸法」でハンドルの位置を決める

高×０・96＝ＳＢ寸法」を目安にするといいのです。

腕が極端に長い人や、体の柔軟性が高い人など、この公式に当てはまらないケースもありますが、標準的なポジションの目安としては参考になると思います。

シルベストサイクルでは体の各部位の寸法にお客様の年齢や習熟度、用途などの修正係数をかけ合わせて最適値を割り出す数式をパソコンにとり込み、最適なＳＢ寸法を算出するオリジナルのプログラムを用意しています。

◎ハンドルの高さは身長である程度決まる

ロードバイクの場合、ハンドルの位置はサドルより低くなることがほとんどで、ハンドルとサドルの高低差を「落差」といいます。

この落差は、身長によってだいたいの目安があります。身長１６０㎝であれば標準的な落差は２㎝ほど、身長１８０㎝であれば10㎝くらいというのが過去の平均値でありひとつの目安ですが、もちろんこれは好みで大きく調整していただいて構いません。

ハンドル位置を高めにすると上半身が起きるので呼吸がラクになります。低めにすると前傾が深くなって空気抵抗を減らすことができるので、スピードを出したい場合に有利です。乗り方の志向によって、ある程度セッティングの方向性も決まるでしょう。

完成車についているステムをそのまま使う場合、SB寸法が決まればハンドル位置は必然的に決まりますが、ハンドルの高さを調整したい場合はステムの長さも調整する必要が出てくるかもしれません。同じSB寸法であれば、ハンドル位置を低くした場合はステムを短く、高くした場合はステムを長くします。

◎ハンドル幅は肩幅だけでなくハンドルの高さと連動して調整する

ドロップバーのハンドル幅は、一般的に肩幅に合わせて調整するのがよいとされています。小柄な女性の360㎜幅から大柄な男性の440㎜幅くらいまでが調整可能な幅なのですが、私はそれにハンドルの高さも勘案するようにしています。

というのも、ハンドルの高さはバイクコントロールのしやすさと安全に大きくかかわるからです。**小柄な女性でもハンドルバーの位置が高めなら、ハンドル幅は広めの400㎜幅をすすめることもあります。逆にハンドルバーの位置が低い競輪選手の場合、肩幅の広い大柄の男性でも360㎜幅を使っていたりします。**

有料のフィッティングもおすすめ

近ごろは「フィッター」と呼ばれる専門知識を持つスタッフが、一人ひとりに最適なポジションを提案する有料のフィッティングサービスが人気です。フィッティングサービスは複数のメーカーが提供しており、**有名なと**

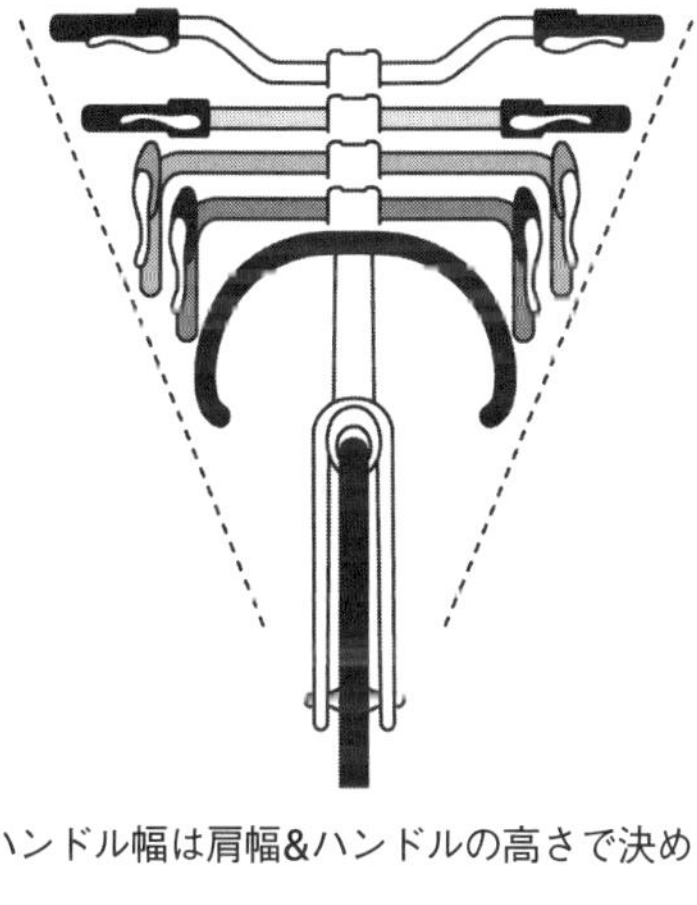

ハンドル幅は肩幅&ハンドルの高さで決める

ころではスペシャライズドの「ボディジオメトリー（ＢＧ）フィット・ウイズ・リトゥール」、シマノの「バイクフィッティング」などがあります。

これらのサービスは、いずれも専用の什器を使ってライダーの体のさまざまな部位を採寸し、柔軟性やペダリング時の動作などを加味しながら、一人ひとりに合ったポジションを提案します。

最適のポジション出しは、ライダーのパフォーマンスを最大限に発揮するのに欠かせないため、競技志向の強いアスリートたちの支持も集めています。

私は「初心者こそフィッティングを受けるべき」だと思っています。繰り返しになりますが、正しいポジション出しによって、お尻の痛みや手の痛み、しびれなどが緩和されるからです。

ロードバイクの乗りはじめにこうした痛みやしびれに悩まされる人は多く、それが原因でロードバイクに乗らなくなってしまう……というケースも実は少なくないのです。

その背景には正しいポジション出しをしていないことがあるのではないか、と私は推測します。

私としては、ロードバイクに興味を持っていただいた方には、末永く楽しんでいただきたい。そのためには、**「初心者こそフィッティングを受けるべき」**なのです。

上半身の適度な緊張と緩和

ロードバイクは脚力をペダルに伝達して推進力に換える乗り物ですが、適切なポジション出しをしたら、そこで終わりではなく適切な上半身のフォームを身につけることが大切です。

決め手になるのは、**「上半身の適度な緊張と緩和」**という相反するエッセンスと**「腹圧」**です。

上半身のフォームが決まっていないと力強く走れませんが、力が入りすぎてもコーナーや下り坂で不安定になってしまいます。適度な緊張感と余裕の絶妙なバランスによって脚力を発揮しやすくなり、体力の無駄な消耗を防げるのです。

具体的にどうすればいいのかというと、腹圧を意識します。ヘソの下5㎝くらいのところにある「丹田」に力を入れて凹《へこ》ませて、ここを基点に上体を前傾します。

詳しくは134ページで詳述しますが、これができていると骨盤が適切に前傾して、走りの肝となる両脚と胴体をつなぐ体幹（腸腰筋《ちょうようきん》）やお尻の筋肉（臀筋群《でんきん》）を稼働しやすくなります。

ウェア選びや着こなし方にもこだわろう

ロードバイクはライダーが乗ってはじめて乗り物として完成するものですから、バイクをどれだけ格好よくしても、やはりライダーがそれなりの格好をしていないと、ロードバイクの魅力が半減どころか台無しになってしまいます。

では、ライダーを格好よくするにはどうすればいいのでしょうか。いくつかのポイントがあります。

その入り口は、サイクルウェア選び。サイクルウェアというと、原色を多用していてスポンサーのロゴが大きく全身に入っているなど、派手なものが多いイメージがあるかもしれません。しかし、最近では割と落ち着いた雰囲気のデザインも増えてきました。
どんなバイクにも合わせやすいサイクルウェアは、ロゴが少なめか控えめなものです。**ブランドでいうと、スイスの「アソス」やイタリアの「ピセイ」、日本の「レリック」などのウェアは、おしゃれで格好いいと定評があります。**

着こなし方も重要です。上下で色づかいが極端に違うものなど、ミスマッチな着こなしは格好悪くなりがち。カラーコーディネートに自信がなければ、上下同じブランドの同じような色づかいのウェアを選ぶと失敗が少ないかもしれません。

ヨーロッパのプロチームのレプリカジャージを着る場合は気をつけたいところです。というのも、プロチームの選手は機材をサポートする特定のブランドのバイクに乗っているので、バイクとチームの組み合わせがちぐはぐだと、見る人が見るとおかしく感じられるからです。

「ツール・ド・フランス」「ジロ・デ・イタリア」「ブエルタ・ア・エスパーニャ」のグラ

ンツール（3大ツール）の個人総合時間賞、ポイント賞、山岳賞の3賞ジャージも、うかつに着ないほうがいいかもしれません。3賞ジャージは強豪ライダーのなかでもとびきりの強豪の証ですから、このジャージに袖を通すということは、「自分はものすごく速い」とアピールしながら走るようなもの。欧州から遠く離れた日本ならば大目に見られるかもしれませんが、私ならやめておきます（笑）。

カラーコーディネートを極める

ウェアの上手な着こなし方の条件のひとつに、カラーコーディネートが挙げられます。ウェアの上下はもちろん、ソックスやグローブ、ヘルメット、アイウェアといった小物まで、全身のカラーコーディネートができれば、それだけで格好よく見えるものです。

コツとしては、あまり多くの色を使いすぎないこと。**全身で3～4色程度までに抑えるのが格好よく魅せるコツです。**フランス国旗やオランダの国旗のような青、赤、白からなるトリコロールなどは定番の組み合わせです。

私が代表を務めるクラブシルベストやステラシルベストのチームジャージもトリコロールカラーです。あと、白や黒をベースに鮮やかな差し色が入ったものもシンプルでおしゃれですね。

ライダーだけでなく、バイクのフレームカラーともカラーコーディネートできれば完璧。バイクに乗った自分をいかにコーディネートするかは、センスの魅せどころです。

最強はオリジナルジャージ

このようにサイクルウェアには、ある程度の暗黙のルールのようなものがあるわけですが、究極的には仲間とともにオリジナルジャージを作ってしまうという手もあります。カラーコーディネートをバッチリ決めれば、どのブランドのバイクに乗っていても違和感はありませんし、ポタリングなどでゆっくり走っていてもおかしくありません。

オリジナルデザインのジャージを作ることができるブランドは複数あります。自分で下絵をデザインしてもいいですし、ある程度のイメージだけ伝えてプロのデザイナーにお任せすることもできます。

ジャージやショーツだけでなく、冬用のジャケットやタイツ、グローブやキャップなどの小物を作ることも可能です。最近では5～10着程度の最小ロットで作ってくれるメーカーもありますから、仲間とおそろいのオリジナルジャージにトライしてみてはいかがでしょうか。

脚のむだ毛は剃っておこう

ウェアに気を使えば、見た目の格好よさは格段にアップします。でも、油断はできません。

初心者に多いのが、自転車用のサイクリングソックスではなく、普通のソックスをはいているケースです。

「えっ、ダメなの？」と思われた人もいらっしゃるかもしれませんね。サイクリングソックスは、おおむね薄手で丈は短め、立体的な足の形状に合わせて複雑なパターンを採用していたり、土踏まずのサポート機能やコンプレッション効果を持たせたりしているものが多いです。

普通の靴下をはいて走っていると、ウェアが決まっていても画竜点睛を欠いて非常に残念な感じになってしまうのです。

男性の場合、「脚のむだ毛」が見えているのも格好悪いです。自転車競技では、特に夏場はすね毛を剃って走るのが常識です。

なぜ脚のむだ毛を剃るかについては、ケガをしたときに雑菌が入りにくくするためだとか、マッサージのときにむだ毛がないほうがいいからとか、諸説あります。

ある自転車メーカーの実験で、脚のむだ毛を剃ると空気抵抗が減って同じスピードを出すのに少ないパワーで走れることがわかっています。男性もフイダーのたしなみとして、脚のむだ毛を剃ってスベスベの脚で走るようにしたいものです。

ロードバイクは格好から入るべし

このように、バイク、ライダーの両面から格好よさを追究することは、見た目の美しさだけでなく、洗練した走りにもつながります。

適切にフィッティングをして、無理や無駄のないフォームが実現できればラクに速く走れます。そして、自分のサイズに合ったウェアを着ることで、空気抵抗も減り、やはり速く走ることができます。格好が決まれば気分も高揚し、精神的にも速く走れそうな気がするものです。

日本人は何事も格好から入ることをよしとしませんが、ことロードバイクに関しては格好から入ることは何ら恥ずかしいことではありません。むしろ格好から入ることをおすすめします。

第4章

メカオンチでも大丈夫！
手間なし簡単
メンテナンス

命を預けるからメンテナンスは必須

私の経験からすると、ロードバイクを趣味にする人は、大きくふたつのタイプに分かれるような気がします。「走るのが好き」という人、そして「メカをいじるのが好き」という人です。

メカをいじるのが好きな人は、男性に多いです。男性なら電子工作でラジオを作ったり日曜大工でマガジンラックを作ったりした経験がある人も多いと思うのですが、道具を使ってものを作るのが好きだった人は、メカいじりにハマる傾向にあります。

そういう人たちのバイクはいつもピカピカで、チェーンやスプロケットなどが油汚れで黒ずんでいることはほとんどありません。だから変速もシャキッと決まって、走行中も無駄な音がせず、とてもスムーズで静かです。

ロードバイクは〝消耗品の塊〟ですから、走行前に安全点検をするのはもちろん、定期的にメンテナンスをしましょう。気持ちよく走るためだけでなく、安全に走るためにも重要です。ロードバイクをたしなむのであれば、最低限のメンテナンスやメカいじりはできたほうがいいですね。

メンテナンスやメカいじりをするといっても、クルマと違ってロードバイクはアーレンキー（六角レンチ）のセットといくつかの専用工具さえあれば、誰でもバイクを組み上げたり、基本的な調整をできたりします。それがロードバイクの素晴らしいところでもあり、恐ろしいところでもあります。

ロードバイクは命を預ける〝軽車両〟です。最近ではママチャリで歩行者の事故を起こした人が1億円近い高額賠償を命ぜられたケースもあります。スピードが出ないママチャリでさえそうなのですから、より速いスピードで走るロードバイクであれば、整備不良は自分やまわりの人の命にかかわる可能性がより高いのです。

「整備不良がダメなのはわかったけれど、どう整備すればいいのかわからない」

「下手に自分でいじってしまって壊したりしないか不安」

という人もいらっしゃるでしょう。

そこでこの章では、メカオンチでも簡単にできる基本的な点検やメンテナンスについてお伝えしたいと思います。

走行前点検の肝は「異音チェック」

メンテナンスといっても、基本となるのは乗る前に毎回行う「走行前点検」です。

特に注意してほしいのはタイヤ。タイヤは唯一地面と接するパーツであり、ロードバイクなら接地面がわずか1㎝幅しかないこのパーツに命を預けているわけです。

走行前点検の手順は次の通り、ごく簡単です。

空気圧をチェックできるフロアポンプで空気圧が適正かどうか確認（空気圧が確認できるフロアポンプが基本です）。タイヤの表面に亀裂が入っていないか、摩耗の状況も確認。ガラスや砂などの異物が刺さっていたらとり除きましょう。こうするだけでも道中でパンクに見舞われるリスクが格段に減ります。

次にバイクを両手で10㎝ほど持ち上げ、そのまま地面に落として異音がしないか確認します。きちんと整備されたバイクであれば、それほど大きな音はしないはずですが、もし何か異音がしたら、どこかネジがゆるんでいたり、回転部のどこかにガタつきがあったりするかもしれません。

ヘッドベアリングのガタつきか、ハブのガタつきか、クランク軸まわりのガタつきか、ペダルがゆるんでいるか……。ホイールがしっかり固定できていないこともあり、こうなると転倒して事故やケガにつながります。

調整するのが手に負えないときはもちろん、原因が特定できない場合も、ショップで確認してもらいましょう。異音の特定は、プロでないとなかなか難しいものです。

注油は2～3カ月に一度でOK

もうひとつの基本的なメンテナンスは、注油です。

ホイールやクランク軸まわり、チェーンなどの回転部には、摩擦抵抗を減らすために油やグリスが注されています。油が切れると摩擦抵抗が大きくなるので、定期的な注油が必須なのです。

とはいえ、ホイールやクランク軸まわりは、今はほとんど「カートリッジベアリング」になっており、調子が悪くなったらショップでベアリングを打ち替えることがほとんど。この作業はショップに任せたほうが無難です。

最低限注油しておきたいのは、やはりチェーン。チェーンは脚力を車輪に伝える重要なパーツなので、油が切れてくるとパワー伝達のロスが非常に大きくなります。クランクをまわしたときにキュルキュルと音がするような状態だと、油切れの状態としては相当末期で、かなりのパワーを摩擦抵抗で失いながら走っているような状態です。

注油はマメにするほうがいいのですが、あまり頻繁にするのは面倒だと感じる人もいるでしょう。ですから、私も厳しいことはいいません。**雨のなかを走った後は必ず、雨のなかを走らなければ2～3カ月に1回程度の注油でOKです。**

注油する前には、まずディグリーザー（油汚れ落とし）やパーツクリーナーでチェーンの汚れを落とします。「チェーンクリーナー」というチェーンをきれいにするツールも市販されているので、それを使うのもいいですね。このときスプロケットやギアもできる範囲できれいにしましょう。

チェーンがきれいになったら、注油していきます。本当はひとコマずつチェーンの真ん中のコマと外側のプレートとの隙間に油を少しずつ垂らしていくといいのですが、それもなかなか大変でしょう。

おすすめは、スプレータイプのチェーンオイルをシューッと吹きつけながらクランクをまわし、チェーンを1周。余分な油をキッチンペーパーやウエス（布）などで拭きとるというごく簡単な方法です。

スプレーをかける位置と方向には注意しましょう。ホイールのブレーキが当たる面にオイルがかかってしまうとブレーキがきかなくなるからです。

私の場合、軽く注油する程度の軽いメンテナンスを頻繁にするようにしていますが、毎回神経質にピカピカにするわけではありません。大事なレースやイベントの前にはピカピカにしますが、そのときはチェーンも新品に交換することが多く、これはおすすめです。チェーンやスプロケットがきれいだと、気持ちが上がり、走りも軽快になります。皆さんもできる範囲でマメにメンテナンスしてください。

チェーンほど頻繁にする必要はないものの、ワイヤーへの注油も雨天走行がたび重なった後などには必要です。しかし、それなりの技術が必要なので、これもショップに任せたほうが無難でしょう。

濡れた布でフレームをさっと拭く走行後の習慣

ロードバイクの汚れには、油で浮かせて落とす汚れと、水に溶かして落とす汚れがあります。油で浮かせて落とす汚れは、チェーンの汚れなどの油汚れ。一方、水で落とす汚れは、スポーツドリンクやエネルギージェルなど糖質の汚れ、汗による汚れなどがあります。

長距離を走ると、走行中にスポーツドリンクやエネルギージェルを飲んだりします。このときにドリンクやジェルがこぼれてしまうことも多いのです。以前、いくら注油しても直らないフロントディレイラーの固着が起こったのですが、なぜか水をかりることで一発で直りました。それが糖質による固着だったからです。

頑張って走ると、フレームに汗がしたたり落ちることもしばしば。こうした汀による汚れはフレームにこびりついていて、カラ拭きしたぐらいではとれません。水に濡らしたウェスなどでさっと拭いてやれば落とせます。

私は洗車といっても、基本的には濡れた布でマメに拭くくらいで十分だと思います。**走行後に濡れた布でフレームをさっと拭く習慣をつければ、かなりきれいに保つことができます。**

プロのメカニックなどは中性洗剤を使って水洗いをすることもありますが、この場合は洗車後にチェーンだけでなく、前後のディレイラーの可動部にも注油をすることが必須です。難易度が上がるので、まずは濡れた布でフレームをさっと拭く習慣を身につけましょう。

異音の出る周期で不調が潜むポイントを察知

「走行中に何か異音がする」ということがあります。結構気になるものですが、こういうときに原因を特定するには、**「異音の出る周期に注意する」**ことです。

ロードバイクには、さまざまな回転部があります。ホイール、クランク、ペダル、それにギア、チェーンといった駆動系など。それぞれに特有の回転周期があります。この周期から不調が潜伏するポイントを察知するわけです。

クランクを半回転するごとに1回異音がするなら、それはクランク軸まわりかクランクに原因がある可能性が高いです。クランクを3回転させるごとに1回異音がするならチェーン、片脚側だけ異音がするならペダル、とても短い周期ならハブやホイールまわりに原因がある可能性が高いです。クランクをまわしている間ずっとキュルキュルと異音がするなら、チェーンが油切れの可能性が高いです。

特定の状況でだけ異音がすることもあります。たとえば、シッティングのときだけ音がするならサドルかシートポストのまわり、路面の凹凸に合わせてガチャガチャと異音がするならボトルケージなど、どこかのネジがゆるんでいることが原因と考えられます。とはいえ、やはり異音の原因を探すのは、プロでもなかなか難しいこともあります。原因が特定しにくい場合はショップに点検してもらうことをおすすめします。

「自分の体より前にある部分」は危険度大

ロードバイクには、あまり触らないほうがいいところがあります。それはフロントブレーキ、ヘッドまわり、ステムを含むハンドルまわりなど、「自分の体より前にある部分」です。

なぜなら、これらの部分がきちんと整備されていなくて何らかのトラブルが起こった場合、重大事故につながる可能性が高いからです。ホイールも後ろよりも前のホイールのトラブルのほうが、身に及ぼす危険度ははるかに高くなります。

仮に自分でハンドルまわりをいじって、ハンドルがステムにしっかり固定されていなかったとしましょう。そんな状態で走れば、ちょっとした段差に乗り上げた拍子にハンドルの向きが変わってしまい、バランスを失ってしまうことでしょう。

ステムがきちんと固定されていなかったり、ヘッドまわりの調子が悪いまま走ったりするのも、ステアリングに悪影響を及ぼすので非常に危険です。

ハンドルまわりのボルトの締めつけは、簡単にできそうな気がしますが、しっかりと組み上げるには技術が必要です。どんなボルトでもそうですが、締め足りなくても締めすぎてもダメ。締め足りないと固定力が不足し、締めすぎてもパーツを破損させるおそれがあるからです。

ハンドルまわり、カーボン製のパーツの締めつけは、特に繊細な締めつけ加減が要求されます。

パンク修理は最低限身につけておく

出先でパンクやメカトラブルに見舞われることもあります。サイクリング中のトラブルには自分で対処するのが基本なので、最低限のトラブルには自分で対応できるようにしておきたいものです。

出先で起こるトラブルで最も多いのがパンク。パンク修理はサイクリストの必須スキルです。

パンク修理はタイヤの種類によっても変わりますが、タイヤとチューブを使う一般的なクリンチャータイヤでは、主にふたつのパンク修理法があります。

ひとつはパンクしたチューブにパッチを貼って直す方法で、もうひとつはチューブを新品に交換する方法です。

出先には予備のチューブを携帯して、チューブを交換するほうがスピーディーに修理できます。いずれの方法もタイヤとチューブを外し、再び装着するので、ひと通りの手順を身につけておく必要があります。パンク修理講座を開催しているショップも多いですから、参加して身につけるといいでしょう。

それ以外にもさまざまなトラブルが起こり得ます。しかし、あらゆるトラブルに備えようとすると必要以上に荷物が増えて、携行するのもひと苦労ということになってしまいます。ロードバイクに乗るときに携行する荷物は最小限に留めることが重要です。

出先のトラブルに最低限必要なもの

基本的にはサドルバッグとサイクルウェアの背中にあるバックポケットにすべての装備を収納して携行します。バックポケットには携帯電話、財布、補給食など、身につけておくべき貴重品やすぐにとり出したいものを入れます。工具類は、サドルバッグに収めます。

ロード練習や100㎞程度のロングライドなら、私は基本装備として次のものをサドルバッグに入れて携行します。

替えチューブ（2本）、パンク修理キット、タイヤレバー（2本）、CO_2ボンベとアダプター、携帯工具、布テープ（※短く切ったもの）、延長バルブ、ディレイラーハンガー、携帯ポンプ（※サドルバッグに入らなければバックポケットに入れても可）。

替えチューブが2本なのは、2回パンクしても対応可能にするため（過去に何度もそんなことがありました）。3回目以降のパンクは、パンク修理キットで対応します。

パンク修理に時間をなるべくとられたくないので、チューブに空気を入れる際は、最初はCO²ボンベを使い、ボンベを使い切ったら携帯ポンプで入れるようにしています。携帯ポンプはロードバイクのタイヤの空気圧である「120psi」は最低でも入るものを。「160psi」まで入るものを用意すれば万全です。

工具は、少なくとも4、5、6㎜のアーレ

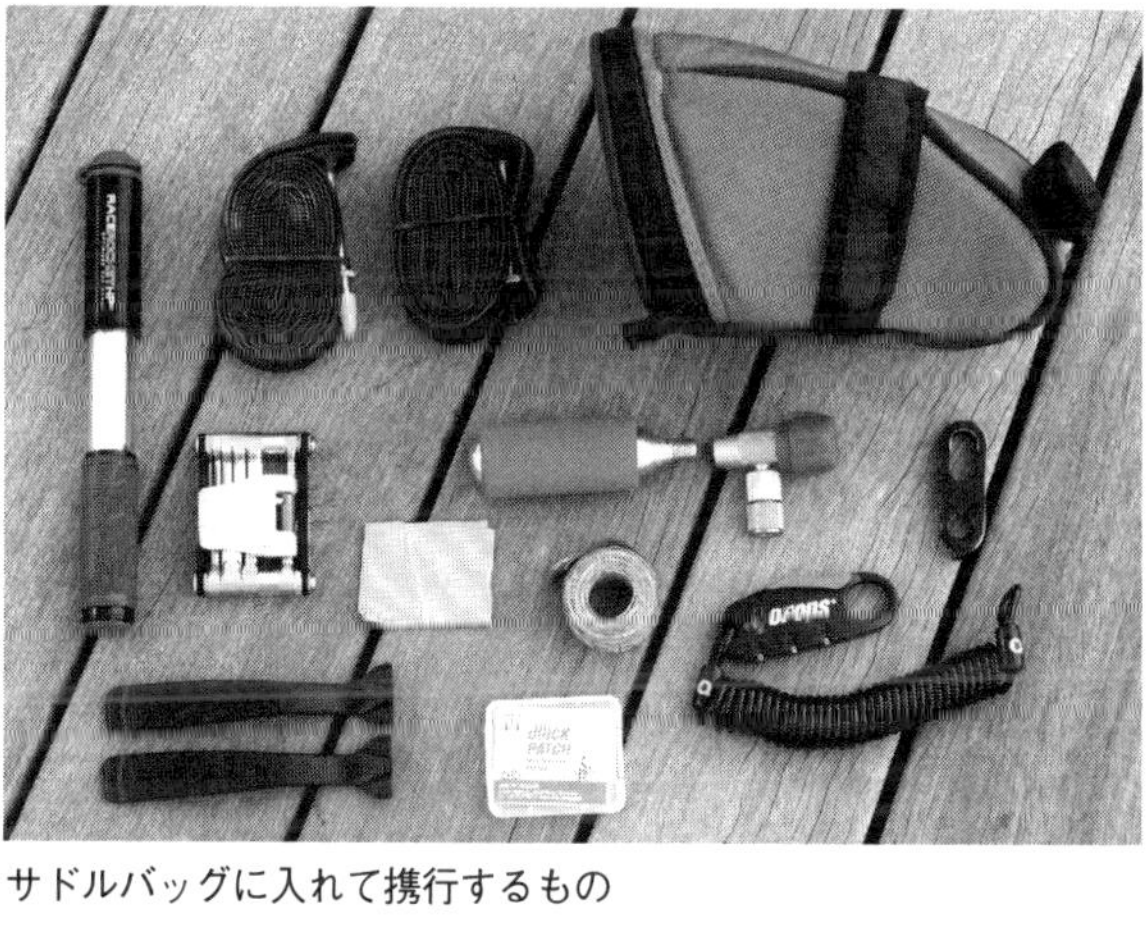

サドルバッグに入れて携行するもの

ンキーとプラスドライバーがついているものを。T25トルクスレンチや2、3㎜のアーレンキーがあればなおいいでしょう。

布テープは、タイヤのサイドウォールをカットしてしまって走行不能になったときなど、応急処置に使います。短く切ったものをパンク修理キットのケースに貼りつけておくといいでしょう。

延長バルブは、リムハイトの高いディープリムホイールを使う場合に、チューブのバルブを延長して空気を入れられるようにするための必須アイテム。自分がディープリムホイールを使っていなくても、仲間にディープリムホイールを使っている人がいたら役に立ちます。このときの喜んでくれる顔は忘れられません（笑）。

ディレイラーハンガーは、リアディレイラーを装着するためのパーツであえて弱く作ってあります。ディレイラーを何かにぶつけたときに曲がったり、折れてしまったりすることがあるので、そのような場合はディレイラーハンガーを交換して対処する必要があります。

フレームによってそれぞれ違うディレイラーハンガーが必要なので、ショップに尋ねて自分の愛車用のものを用意しておけば安心度倍増です。

ニップルまわしやチェーン切りは、ショップで組んで定期的にメンテナンスをしているロードバイクでオンロードを走るなら、よほどのことがない限り不要でしょう。私自身はショップのスタッフとしてお客様たちと走る立場上、ニップルまわしやチェーン切りまでも組み込まれた携帯工具をやや重いものの携行しています。

メンテナンスでやる気アップ

「メンテナンスって面倒だな」と思われる人もいらっしゃるかもしれません。「メンテナンスにかける時間があるならロードバイクに乗りたい！」という人も多いのではないでしょうか。

でも、こうも考えられないでしょうか。

「ピカピカの愛車に乗れば、走りも心も軽くなって、いつも以上のパフォーマンスを発揮できる」

　せっかく縁あって一緒になった大切な相棒です。どうか末永く大切に、安全に乗ってください！

第5章

「痛み」「疲れ」を乗り越える

バイクを買っても続かない理由

「ロードバイクはエエよぉ〜、楽しいよぉ〜」

と、ここまでその魅力を熱く語ってきたわけですが、残念ながら、せっかく愛車を購入したのにいつしか乗らなくなってしまった……という人も少なからずいらっしゃるようです。

一方で、シルベストサイクルのお客様には、そういう人があまりいらっしゃいません。この差はどこから生まれるのでしょうか。

私が思うに、いつしか乗らなくなる最大の原因は、「痛み」と「疲れ」を克服できないことにあるような気がします。

痛みや疲れが出る場合、最初にチェックしたいのは適切にポジション出しをしているかどうか。痛みや疲れが出る箇所として多いのはお尻、股間、手のひら、首や肩まわり、腰、ヒザなどです。

お尻や股間が痛くなる場合、サドルに荷重がかかりすぎていることが考えられますし、手のひらが痛くなる場合はハンドルに荷重がかかりすぎている可能性があります。

ハンドル位置が低すぎると首や肩まわり、腰が痛くなりやすいですし、サドル位置が高すぎるとヒザが痛くなることがあります。

ロードバイクの販売経験が豊富でノウハウの蓄積もあるショップで購入したなら、おそらくポジション出しについては問題ないでしょう。もし自己流のポジション出しで乗っていて、これでいいのか不安だと感じるのであれば、フィッティングサービスを受けることをおすすめします。

一方、「慣れ」の問題もあるかもしれません。ロードバイク特有の深い前傾姿勢で乗ると、上半身の力を下半身にうまく伝えることができ、空気抵抗を減らして速く走れます。しかし、深い前傾姿勢を保つのは、体が慣れるまではなかなか厳しいものです。

ある程度、乗り慣れないと仕方のない部分があるということです。そこは楽しみながら乗り続ければ、克服できると思います。

痛みや疲れの原因には、走行中に路面からの振動にさらされ続けることが大きくかかわっています。路面の振動に抗《あらが》いながら深い前傾姿勢で走り続けることは、想像以上に体に負担をかけているのです。

そこで次項から、パーツ交換によって手っとり早く痛みや疲れを克服する方法を紹介することにしましょう。

サドル探しの旅に出る

痛みのトラブルで一番多いのが、お尻と股間の痛みです。これらはサドルを替えてみることで解消されることがあります。

自分に合う理想のサドルを探すことを、「サドル探しの旅に出る」などといったりしますが、ロードバイクに長年乗っている人でも、理想のサドルに出会えていないケースは結構あります。サドル選びひとつとっても、かなり奥深いのです。

ライダーの体格やフォームは、まさに十人十色。誰ひとりとしてまったく同じ骨格の人はいないでしょうし、肉づきのいい人もいればやせている人もいます。体の柔軟性や走行中の体の使い方も人それぞれです。

こうしたあらゆる要因が影響するため、誰にでもフィットする唯一万能のサドルというのはありません。そうはいっても比較的、万人に合いやすいサドルというのはあります。そこで少しサドルについてのうんちくをお伝えすることにしましょう。

股間にフィットする〝逆かまぼこ形〟

サドルは大きく3つのタイプに分かれます。

昔ながらのオーソドックスな形状でクッションによって衝撃を緩和する「スポンジタイプ」、座面のベース（土台）が薄くてハンモックのようにしなって衝撃を吸収する「ハンモックタイプ」、そしてベースが人間の股間の形状に合わせて曲面になっている「全面フィットタイプ」です。

最初のオーソドックスなスポンジタイプは、座面を前から見たときに細いかまぼこ形になっているものが多く、前後方向も比較的フラットな形状になっていることが多いです。ペダリングをしやすいものが多いのですが、座面のクッションが柔らかいとペダリングが安定しません。反対に座面が硬いと股間が痛くなりやすいです。

ハンモックタイプは、そこそこ快適性が高く、多くの人に合いやすいのですが、ペダリングに同調して座面が揺れやすく、練習を積んで胴体の深いところにある筋肉（体幹）をよほど強化しないと、腰を安定させにくいという弱点があります。

そこで私がおすすめしたいのが、座面が人間の股間の形状に合わせた曲面になっている全面フィットタイプのサドルです。この手のサドルで代表的なモデルが、「セラSMP」というブランド。

サドルに接する股間の形状は、前後方向にも左右方向にも曲面を描いています。さらに前後方向、左右方向とも、中央部が一番低く、両端が高い〝逆かまぼこ形〟をしていて、座ったときにこの中央部が接しやすいということになります。

股間の中央部は神経や大きな血管が通っている非常にデリケートなところです。女性が痛みを感じやすいのはもちろん、男性でもここを長時間圧迫したまま乗り続けると「ED（勃起不全）」になりやすいというデータもあるほどです。

その点、セラSMPのサドルは、人間工学に基づいたデザインによって、股間の痛み、神経や血管の圧迫といった問題を解消しようと試みています。

サドルの前後が盛り上がり、中央がくぼんだ形状は一見するとわかりますが、座面を前後から見たときにも中央部がくぼむ形状も見逃せないポイント。つまり、前後左右の大きな面積で股間にフィットすることで特定の部

サドルの前後が盛り上がって中央がくぼんだ形状により股関の痛みや圧迫感を低減する**「セラSMP drakon」**

分を圧迫することなく、痛みが感じにくくなるのです。

さらに、サドルの中央部を大胆にえぐっており、神経や血管を圧迫しないようにも配慮されています。これがとても具合がいいのです。

セラＳＭＰのサドルは、一般的なサドルとかけ離れた個性的な形状をしていますが、決してキワモノではなく、これ以上ないほど機能的な形状なのです。クッションの厚みが異なるモデルがラインナップされているので、お尻や股間が痛いとお悩みの人はそれぞれ試してみる価値はあると思います。

ただし、前後位置などをきちんとフィッティングしないと本来の機能が発揮されないので、これもやはりショップに相談するべきです。

首から肩、背中まわりの痛みは慣れの問題も

股関の痛みだけでなく、首から背中にかけて疲れたり痛くなったり、肩胛骨《けんこうこつ》まわりがこわばったりしてつらいという声もよく聞かれます。

ロードバイクは深い前傾姿勢のなか頭だけ持ち上げて前方を見ながら走るという、かなり不自然な姿勢で走り続けます。その姿勢を維持するのに筋力が追いつかず、首から背中、肩胛骨まわりの痛みやつらさにつながることが多いのです。

対処法としては、ハンドルを若干高めに調整して前傾姿勢をゆるめ、上半身を起こして乗るようにすること。しかし、前傾姿勢がきついからといってハンドルを高くしすぎると、今度はサドルに荷重がかかりすぎて、お尻や股間が痛くなるという悪循環を生むこともあります。

そもそも前傾姿勢に慣れることで痛みやつらさが解消されるケースもありますから、楽しみながら走っているうちに、いつしか気にならなくなることもあるのです。ヘルメットをできるだけ軽いものにするというのも効果的ですよ。

ヒザの痛みが出たら「カント板」

ペダリングをしているとヒザが痛くなるという人もいます。スポーツ全般において筋肉痛はある程度経過を見ながら継続してもいいとされますが、関節の痛みは大きな故障につながりやすいので要注意です。

ヒザの痛みの原因として考えられるのは、ビンディングペダルによって足（脚）の動きが制限された状態でストレスのある動作を繰り返すこと。具体的には、サドルの位置が高すぎたり、クリートの位置が後ろすぎたりして、ペダルが下死点にくるたびに脚が伸びきってヒザに負担をかけているケースなどが考えられます。

クリートは足の親指のつけ根（母指球）と小指のつけ根（小指球）の中間にペダル軸がくるようにつけるのが基本です。クリートの向きも、つま先が正面を向くようにつけるのが基本ですが、ガニ股気味の人や内股気味の人は向きを微調整したほうがいいケースもあります。

調整する場合、いきなり大幅に調整すると故障の原因になりますから、少しずつ調整するようにしましょう。

その後、サドル高を合わせますが、高くしすぎないように注意が必要です。欧州のトップアプロのようにサドルの位置が高くてシートポストが長く出ているほうが格好よく見えますが、ライダーの体にフィットしていなくては意味がありません。

ここは見栄を張らず、自分の体に正直にいきたいところです。調整方法については、80ページを参考にしてください。

本来は、自己流の調整よりも、有料であってもプロによるフィッティングサービスを受けることをおすすめします。フィッティングでは体の柔軟性や関節の可動域によって適切なポジションを出すだけでなく、**場合によってはクリートの向きを調整したり、シューズに「カント板」というものを入れて足底にカント（傾き）をつけることで、ヒザの動きのストレスを解消してくれたりします。**

ライディングを医学的見地で長年徹底的に研究してきた米ブランド「スペシャライズド」によると、ライダーの9割近くがペダルを踏み込むときにヒザが体の中心部にまわり込むので、ヒザにストレスがかかりやすいそうです。これを解消するために親指側を少し高くすると、ヒザの動きが真っすぐに是正されるのです。

スペシャライズドをはじめ最近のシューズは、このことをあらかじめ織り込んだ設計になってきました。調整用のカント板は、自分に合ったタイプを自己判断するのは難しいので、やはり行きつけのショップのスタッフに相談するのが賢明です。

手のひらの痛みはバーテープ、タイヤ、ハンドルで解消

ロードバイクに乗っていると、手のひらが痛くなったりしびれたりすることもあります。マウンテンバイクや一部のクロスバイクだと、フロントフォークにサスペンションがついていて路面からの突き上げや振動を吸収してくれますが、ロードバイクにはサスペンションがありません。タイヤも細く、空気圧も高めなので、路面からの衝撃が手のひらにダイレクトに伝わりやすいのです。

手のひらの痛みやしびれは、荷重がハンドルにかかりすぎているケースもありますが、それ以外ではパーツを見直すことで解消しやすいのも特徴です。

手っとり早いのは、クッション性に優れた厚手のバーテープに巻き替えること。バー

テープは直にライダーの手に接するものですから、安価で、しかも即効性があるのです。

衝撃吸収性を高めるために「ゲル」を入れ込んだバーテープもあるので、そういったものを巻けば効果をかなり実感できるでしょう。ただし、厚手のバーテープを巻くと、女性など手の小さな人はハンドルを握りにくくなるケースもあるので気をつけてください。

タイヤを太めのものに履き替えることでも、手のひらの衝撃を緩和できます。これも比較的安価な対処法です。

ロードバイクでは「700×23C」または「700×25C」というサイズが一般的です。サイズ表記では、前半の700という数字が「タイヤの直径」を表し、後ろの23という数字が「タイヤの太さ」を表します。後ろの部分の数字が大きいタイヤほど太いタイヤということになります。

もし、「23C」のタイヤを履いているならば、「25C」の太めのタイヤに交換するだけでも、タイヤのエアボリュームが増え、適正空気圧も低くなるので、乗り心地がよくなります。

ただし、タイヤ交換の際は注意しなければならないこともあります。それはフレームやブレーキキャリパーとの相性です。フレームやブレーキキャリパーとタイヤとの間に十分なクリアランス（隙間）がないと、25C以上の太いタイヤが装着できないこともあります。

また、アルミ製のハンドルを使っているなら、カーボン製のハンドルに交換することも手のひらの痛みを解消して非常に効果的です。カーボンは金属よりも振動吸収性に優れているため、路面からの振動をダイレクトに伝えるのではなく、角のとれたマイルドなものにしてくれるのです。つまり居住性がアップするわけです。

日本人による日本人のための至高のハンドル

ハンドルの話が出たので、ここで私のイチ押しのハンドルを紹介しましょう。ディズナの「ジェイカーボン ネクスト」です。その名の通りカーボン製で、振動吸収性に優れた軽量ハンドルです。

日本人ライダーのために開発されたハンドル

「ディズナ　ジェイカーボン ネクスト」

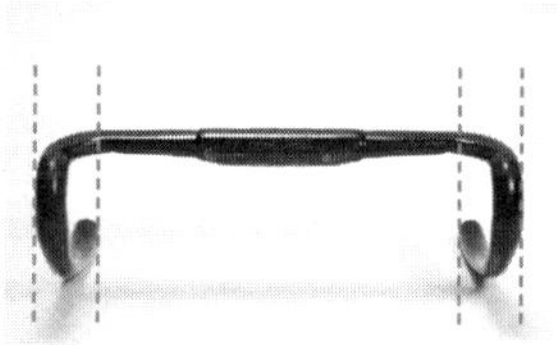

ハンドルの上部が下部より
外側に張り出している

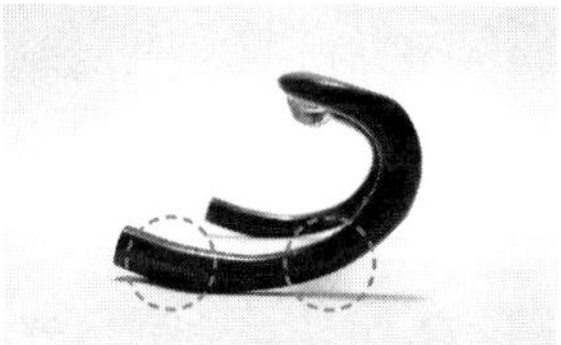

手前が太く奥が細い
握りやすく手が抜けにくい形状

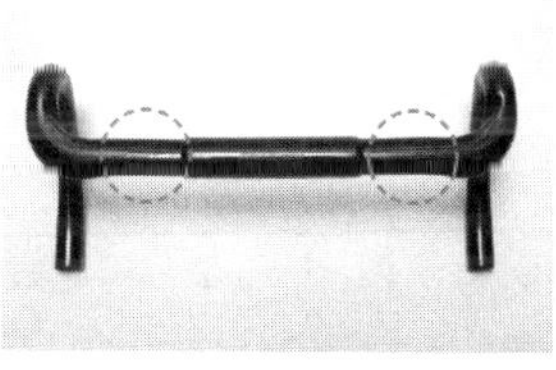

上部の肩の部分が平ら
リラックスして走行できる形状

このハンドルは手が小さめの日本人が使いやすさを追求して、さまざまな工夫が凝らされています。

たとえば、ドロップ部分の形状。曲線部の奥のほうは細く、先端部の手前は太くなっていて、手が小さめの日本人が握りやすく、走行中にハンドルを引きつける動作をしたときにも手が抜けにくくなっています。これならクッション性の高い厚手のバーテープも選びやすくなります。

ハンドルの形状は、昔ながらの丸ハンや直線的なアナトミックなどさまざまな種類があり、それぞれにメリットやデメリットがあります。

ジェイカーボン ネクストは、それぞれのいいとこどりをした「アナトミックシャローというタイプ。リーチ（前方への突き出し量）もドロップ（高低差）ともに短い「ショートリーチ・ショートドロップ」の形状が特徴です。

ドロップ部分の奥を持ったときにブレーキレバーが遠くならないので、手が小さめの人でもブレーキを握りやすいという理想的な形状なのです。

他にも、正面から見たときにハンドルの上部が下部より外側に張り出しているという他には見られない特徴もあります。上部を握ってリラックスして走るときは呼吸しやすく、下部を握って速く走るときは力を入れやすいという形状なのです。

また、手のひらを置きやすいように上部の肩の部分が平らに加工されていたりして、本当に細かい部分まで作り込まれています。

私は現在4台稼働させているすべての愛車に、このハンドルをつけているほどの逸品です。

疲れにくさはお金で買える

前項で紹介したジェイカーボン ネクストもそうですが、路面から伝わってくる振動から体を守るには、金属より振動吸収性に優れるカーボン製のパーツを活用すると効果的です。

カーボンフレームを選択するのはもとより、ハンドルだけでなく、同じく体に直に接

するシート（シートポスト）もカーボン製にすると、路面からの突き上げがお尻に伝わりにくくなります。

最近では少なくなりましたが、もしあなたの愛車の「フロントフォーク」が金属製なら、カーボン製に交換することでも振動吸収性がアップして、乗り心地が快適になります。

カーボン製のフレームやパーツは高価ですが、振動吸収性に対する効果は非常に高いです。そういう意味では、「疲れにくさはお金で買える」といえます。

小まめにハンドルを持ち変えよう

シートポストもカーボン製にして振動吸収性アップ

もちろん、お金をかけずに疲れにくくする対策もあります。

それはドロップハンドルの持ち方を状況に応じて小まめに変えること。

そもそもドロップハンドルが、なぜ羊の角のような形をしているのかというと、さまざまな持ち手のバリエーションを用意することで、体の負担を特定の筋肉に集中することを防ぐためなのです。

ドロップハンドルの上（上ハン）を持てば上半身が起きてリラックスしたフォームになりますし、下（下ハン）を持てばアグレッシブな深い前傾姿勢になります。それぞれに体を支えるために稼働する筋肉が微妙に異なりますから、ハンドルの持ち方を小まめに変えることで特定の筋肉の疲れを防ぐことにつながるわけです。

また、ハンドルを手前に引くように走行すると力を入れやすいですが、逆に前に押し出すようにすると、上半身がリラックスして疲れにくくなります。

このようにハンドルの握り方も、実に奥深いです。

痛みも疲れも解消する「丹田曲げ」

ロードバイクは脚でこぐものと思われるかもしれませんが、実は前傾させている上半身の「構え」が非常に重要です。

ハンドルを引いたり押したりする力を背中や腰を通じて下半身に伝えるわけですが、上半身の曲げ方次第でペダリングの質が大きく変わるのです。〝曲げの位置〟が悪いと、ときとして腰痛の原因になることもあります。

私がおすすめするのは「丹田曲げ」。ヘソの下5㎝くらいのところにある丹田に力が入る曲げ方です。

秘技「丹田曲げ」

やり方はこうです。

①丹田あたりを手刀で軽く叩いて凹ませ、そこを軸に上体を曲げる。

②ある程度曲げたところで、お腹を膨らませて腹圧を上げる。

――これだけで完成です。簡単ですよね。

丹田より下にある股関節（骨盤の両脇にある出っ張りの部分＝「大転子《だいてんし》」）から曲げると、骨盤が前傾しすぎます。逆に丹田より上にあるヘソのあたりから曲げると、骨盤が立ちすぎます。

その中間にある丹田から曲げるのが、ちょうどいいのです。

誰でもすぐにできる「丹田曲げ」によって上半身の力が使いやすくなり、ペダリングがスムーズになります。

ここ一番のペダリング時に足を引き上げて推進力にする「引き脚」もうまく活用できるようになり疲れにくくなります。ぜひ試してみてください！

冬場の走りを快適にするメリノウールのアンダーウェア

近年の日本の降雪量は昔に比べて少なくなっていますから、冬場でもロードバイクを楽しめる地域は広がっています。冬用のウェアが充実していることもあり、北国を除けば、四季を通じて楽しめる通年スポーツになっているといってもいいでしょう。

冬場のサイクリングは、外気の低温対策もさることながら、〝汗冷え対策〟が大きなポイントになります。その点、近ごろの冬用ウェアは、冷気を防ぎつつ汗冷えしないように非常に高機能な素材を組み合わせて作られています。

そこで注目してもらいたいのは、アウターだけでなく「アンダーウェア」。冬場の汗冷え対策でカギを握るのが、アンダーウェアだからです。

冬場でも峠の頂に向かって登坂したりすると大量の汗をかきます。一方、頂からの下り坂ではペダルをまわさなくてもどんどんスピードに乗るので、体感温度は気温以上に下がります。

何も対策を施さないと、登坂時にかいた大量の汗が一気に冷え、あっという間に体温を奪っていきます。氷点下の峠の頂から、汗で濡れた薄いウェアで風を切って下るという状況も起こり得るわけで、それを思うとロードバイクほど過酷なスポーツはないかもしれません。

具体的な対策としてはふたつのアプローチがあります。ひとつは汗に濡れた状態でも冷たさを感じさせないこと、もうひとつはなるべく早く汗を乾かしてしまうことです。

私個人はどちらかというと前者のアプローチが多く、**メリノウールのアンダーウェアをうまく活用しています。**汗をかいてしばらくたっても温かさを感じるため、汗冷えしにくいのです。吸汗速乾のアンダーウェアではカバーしきれないような大量の汗をかく状況に適しています。

一方、後者のアプローチでは、アウトドアやサイクルジャージのメーカーから数多くの商品が出ています。肌に触れる「ベースレイヤー」は水分をためない撥水性のある素材を使い、その上の「ミドルレイヤー」に吸汗性と保温性に優れた素材を使うことで、ミドルレイヤーが汗を吸収。肌に触れるベースレイヤーには汗が伝わらず、サラサラとした着心地と温かさを持続してくれます。

第6章

ロードバイクの安全鉄則

40年間、救急車、入院、骨折ゼロ

ロードバイクに乗りはじめてから40年。この間、私は五輪代表に選ばれ、今も現役の実業団登録選手として活動するなど、地球10周分以上の距離を走ってきましたが、救急車のお世話になったり、入院したり、骨折したりしたことは一度もありません。

ロードバイクを趣味とする人の多くは、働き盛りのいわゆるアラフォー以上の世代。家庭でも職場でも重要な立場にあることと思います。もし、趣味のロードバイクで転倒して大ケガを負い、入院することにでもなったら、家族にも職場にも迷惑がかかりますし、何より本人が苦しい思いをすることになります。

ロードバイクの世界は奥深いものですが、大前提となるのは「安全」。**それに速く強くなる近道は安全に走ることなのです。**そこで本章では、安全に楽しむための鉄則についてお伝えしたいと思います。

サイクリストは臆病であれ

当たり前のことですが、ロードバイクを安全に楽しむには交通ルールを守ることが大前提です。実は公道を走っていると、ライダーが赤信号を無視したり、歩道を猛スピードで走っていたりする姿を見かけることがあります。

自転車は道路交通法で「軽車両」に分類されるれっきとした車両です。ママチャリの印象が強いせいか、自転車は歩行者の仲間のように思われがちですが、どちらかといえばクルマに近い存在なのです。

交通ルールを守って走るのは当然のこととして、そのうえで心がけてほしいことがあります。それは、「臆病である」ということ。クルマの死角に入らないとか、歩行者や他の自転車など周囲の動きを予測して、ゆとりのあるスピードで走ることも大切です。

ロードバイクで下り坂を走っていると、だんだんとスピードアップして、慣れないうちは「怖い」と感じることがあります。この感覚を大切にしてほしいのです。

複数でグループ走行していると、下り坂で勢いよくスピードを出す人もいるでしょう。でも、「怖いな」と感じたら、無理についていかないことです。

経験と練習を重ねてレースに出るようになると、「下り坂を速く走れるようになりたい！」という思いがわいてくるかもしれません。また、ツール・ド・フランスのテレビ中継などを観ていると、トッププロがものすごい猛スピードで下り坂を疾走している姿が格好よく思えるかもしれません。

しかし、アマチュアライダーは「速く走ること」より「安全に走ること」のほうが大切です。

ロードバイクをある程度乗りこなせるようになれば、ことさらに練習しなくても、下り坂を安全な範囲で速く走れるようになります。間違っても公道の下り坂で〝自分の限界速度〟を試すような真似はしないでください！

「速く走る」より「下れて」「曲がれて」「止まれる」が大事

下り坂を安全に走るには、前輪と後輪の荷重バランスが適正になるようなポジションで乗ることが大前提です。そのうえでバイクを確実にコントロールできるスキルも大切になります。ストレスなくペダリングできるのはもちろん、「下れて」「曲がれて」「止まれる」という三拍子そろうことが、走りの基本となります。

速く走ることだけを重視してポジション出しをすると、ペダルを踏み込みやすい深い前傾姿勢になりがちです。すなわちサドルの後退量が少なめで、サドル位置が高めのポジションです。このポジションで乗ると、下り坂では極端な前輪荷重になり、安全面で劣ってしまいます。走っていて相当怖いはずです。

34ページでも触れた「国際自転車競技連合（ＵＣＩ）」では、ロードバイクの車両規定で「サドルの先端はＢＢより５㎝以上後ろにくるようにしないといけない」と定めていますが、これは安全面を配慮してのことなのです。

見た目の格好よさを重視して、「長いステムを使う」「サドルを高くする」という人がいますが、長すぎるステムも高すぎるサドルも安全走行にはマイナスにしか働きません。

やはりポジション出しは、確実にバイクを制御できることを重視すべきなのです。「下れて」「曲がれて」「止まれる」という走りの基本ができてから、はじめて「より速く走る」「より遠くへ走る」というステップに進むことができるようになります。

ハンドルを前に押すとうまく下れる

峠道は少しでも勾配をゆるくするため、おおむねカーブの多いワインディングロードになっています。麓から頂まで真っすぐな道が延びていることは稀です。そのため、峠道は見通しが悪い箇所が少なくありません。

このようなワインディングロードの下り坂を安全に走るには、ちょっとしたコツが必要です。**40年間入院・骨折なしの私の6つの極意をお伝えしましょう。**

◎カーブに入る前に十分減速

これはコーナーリングの基本中の基本です。バイクが直立した状態でブレーキをかければ、挙動が乱れることはあまりありませんが、カーブに入ってバイクをななめに倒した状態で走行中にブレーキを強くかけると、タイヤがグリップを失いやすく転倒のリスクが高まります。コーナーリング中にスピードを調整する場合、ブレーキレバーを軽く握ってシューがリムに軽く触れるようにする「当て利き」程度に留めるのがコツです。

◎カーブではアウト側の脚に体重を乗せる

いわゆる「外脚荷重」です。コーナーリング中は、アウト側のペダルは下死点（クランクを時計の針に見立てたときに6時の位置）、イン側のペダルは上死点（12時の位置）にくるようにします。イン側のペダルを下死点側にすると、ペダルを地面に擦って転倒してしまう可能性があるからです。また、外側のペダルを踏むようにして体重をかけると、タイヤにしっかりと荷重がかかってグリップ力が増し、コーナーリング中のバイクの挙動が驚くほど安定します。

◎常に顔を地面に垂直にする

これは非常に重要なテクニックです。コーナーではバイクをイン側に倒しながら曲がりますが、このとき、頭を体の軸に対して真っすぐにするのではなく、地面に対して垂直にします（感覚としてはコーナーのアウト側に傾ける）。これによりコーナーリング中も平衡感覚を保ちやすく、恐怖感が少なく安定してバイクを操作できるからです。

◎ハンドルを前に押すようにする

下りコーナーでは、前輪荷重になりすぎないことが安全に走るコツ。慣れていないと恐怖心のあまりハンドルを上から下に押さえつけるようにして前輪荷重になりがちですが、これは非常に危険です。ハンドルを後ろから前に押し出すようにして、腰をサドルの後ろのほうに意識的に移動することで、前後輪の荷重バランスがよくなって安全に曲がりやすくなります。さらっと綴りましたが、これは既存の指南本などでまったく触れられていない秘伝の極意。効果テキメンですから、ぜひお試しください！

◎路面を読む

「路面を読む」とは、走行しながら路面状況を把握するということです。砂利や苔《こけ》が浮いていないか、路面は濡れたり凍ったりしていないか、というような路面状況を把握しながら、特に左右に曲がるときは安全なラインを探しながら慎重に走りましょう。古い路面だと剥離したアスファルトが石のように転がっていることもあり、滑りやすくなります。また、アスファルトに白い石が交じっているような場合、川砂利を利用していることが多く、特に濡れた状態では滑りやすく大変危険ですから注意が必要です。

◎下ハンを握る

下り坂を安全に速く走るときには下ハンを握ったほうがよいとされています。それは正しいのですが、一体なぜでしょうか。模範的な解答としては、「下ハンを握ると重心が低くなるから」ですが、より具体的に解説すると「ブレーキのブラケットを握るより下ハンのほうが4、5㎝も後ろ（手前）を握ることになるから」です。その分お尻を後方に移動でき、下りの傾斜によって前方荷重になりがちな重心を後輪荷重よりにしやすくなるのです。

ブレーキとタイヤにシビアたれ

安全に走るためには、ロードバイクをきちんと整備することはいうまでもありません。特に注意して整備してほしいのが「ブレーキ」と「タイヤ」。いずれも命を預ける〝保安パーツ〟だからです。

ブレーキは、レバーを確実に握れてブレーキがしっかりききくか、ワイヤーはほつれていないか、シューは減っていないかなどを走行

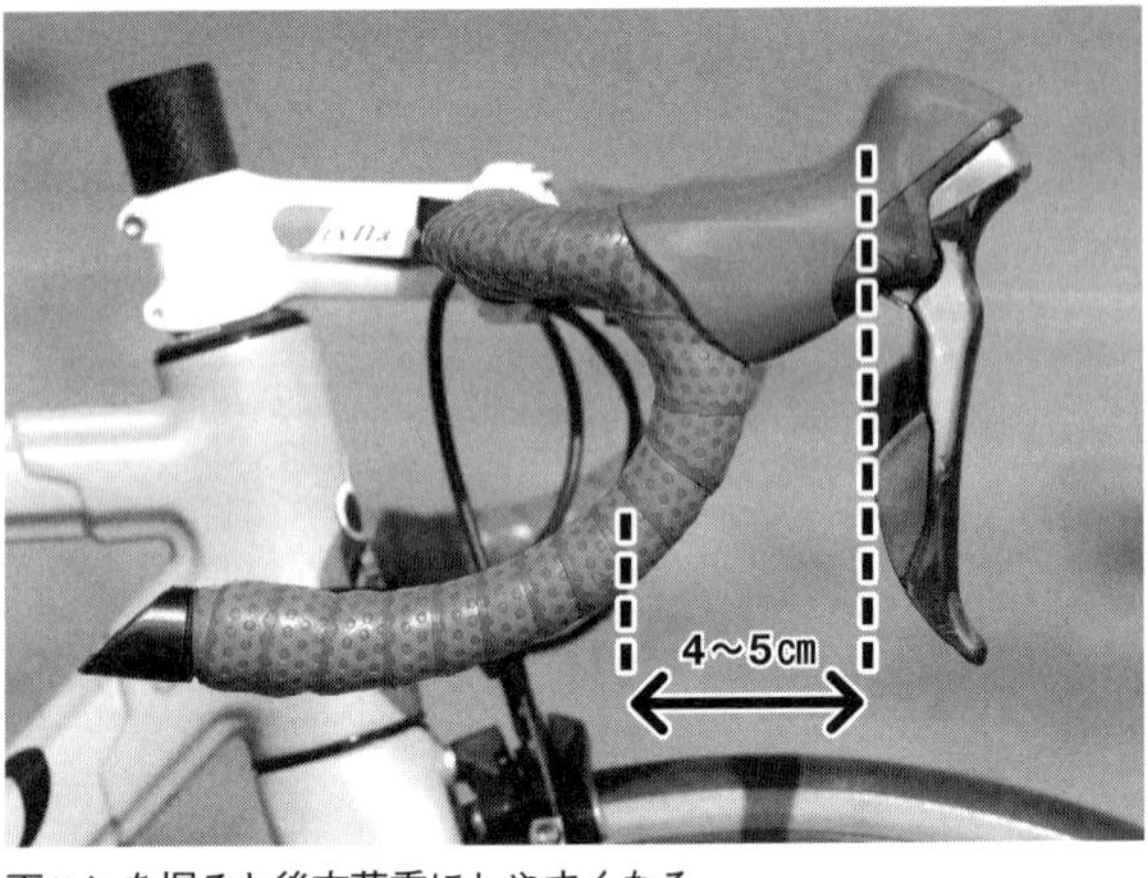

下ハンを握ると後方荷重にしやすくなる

前にざっとチェックしてください。ホイールを替えたときには、ブレーキシューホルダーが正しい位置にセットされているかどうかの確認も必要です。

タイヤは、大きなキズやひび割れがないか、異物が刺さっていないか、摩耗度合いは大丈夫かを確認しましょう。**前輪はバイクコントロールの重要な役割を担うので、タイヤ交換の際は前輪に新しいタイヤを入れ、後輪に前輪のお古をまわしてローテーションをするのがおすすめです。**

空気圧も重要です。タイヤの空気圧はタイヤごとに定められた推奨空気圧の範囲内でセッティングするのが大前提。空気圧が低すぎると走りが重くなったりパンクのリスクが高まったりコーナーで腰砕けになって走りにくくなったりしますが、空気圧が高すぎてもグリップ力が落ちるだけでなく乗り心地も悪化します。

「走りを軽くしたい」と空気圧を高めにする人が多いようですが、空気圧が高すぎのケースが目立ちます。空気圧を高くしても、実はある基準を超えると走りはほとんど軽くならず、グリップ力が落ちるだけという実験結果もあるぐらいなのです。

適正空気圧はタイヤによっても、ライダーの体重によっても変わってきますので、パッケージやタイヤサイドの表記をよく確認してください。タイヤサイドの表記は欧米基準なので体重80kgくらいの人の場合の空気圧が記されていることが少なくありません。これに従うと入れすぎになることもあるので注意しましょう。

また、タイヤの空気は案外抜けやすいもの。空気圧は走行前に毎回必ず確認しましょう。グループで走るとき、レースやイベントに参加するときなど、複数で走行するときはよりシビアに管理してください。自分だけでなく、後続のライダーの安全も担保するのがサイクリストとしての責務だからです。

空気圧は、前輪より後輪をやや高めにするといいでしょう。前輪はグリップ重視、後輪は転がりの軽さを重視するからです。万が一、タイヤが滑りはじめたときでも、後輪が先ならばリカバリーが効きやすいという理由もあります。

ハンドルまわりは軽量パーツで冒険しない

ハンドルはバイクとライダーとの接点である〝3つの「ル」〟（72ページ参照）のひとつ。バイクのコントロールに関する重要なパーツです。「高さ」や「遠さ」などポジションを適正に出すことはもちろん、破損しにくい部品を選ぶことも大切です。

そのため、ハンドルやステムに超軽量パーツを使うのは、あまりおすすめできません。命を預けるパーツですから、経年劣化も考慮して十分な強度や安全性を確保することを優先したいものです。

サイクリストは紳士たれ

ロードレースでは、ライバルチームの選手と先頭交代しながら走る場面が見られます。これは「互いに体力を温存しながらゴールを目指す」という利害関係が一致しているため、最も空気抵抗の影響を受ける先頭の走行を交代しながら、互いに他の選手の風よけになり合おうということです。

ロードバイクの走行中に最も大きな抵抗となるのは空気抵抗。風をいかに避けながら走るかが体力温存の肝になりますが、人の後方について走ると、前方走者が風よけになってとてもラクに走れるのです。

先頭から2人目もラクですが、3人目はさらにラクです。先頭の走者が100の力で走っているとすれば、2人目は70〜85くらい、3人目は65くらいの力で走れます。

本来ならば絶対に負けられないライバルチームの選手であっても、「後方走者を思いやる」という紳士的な態度がよしとされているからこそ、このような関係が成り立つわけです。

後方走者を妨害しようとすればいとも簡単にできます。しかし、そうはせず、逆に「先頭走者は、後方走者が安全に走りやすいように思いやりながら走る」という暗黙の紳士協定があるわけです。

後方を思いやりながら走ることが大事なのは、何もロードレースだけのことではありません。集団走行の練習やグループライド、ひとりで走る通勤ライドでも後方の他人を思いやる精神は大切にしなければなりません。

その精神の表れともいえるサイクリストのマナーがあります。それはハンドリインや声かけ。そこで基礎の基礎から私ならではの方法まで、詳しく紹介したいと思います。

先頭の走者は〝後続の走者の眼〟

複数で走るときは、前方走者を風よけにしながら、先頭を交代しながら走ります。後方走者は前方走者の体で前が見えにくくなりますから、先頭の走者は〝後続の走者の眼〟となります。それだけ責任重大だということです。

たとえば前方走者が急ブレーキをかけたら、後方走者は急ブレーキをかけないと止まれません。そのまた後方の走者はもっと急ブレーキをかけないと止まれないでしょう。さらに後方の走者は、ブレーキをかけても間に合わず、突っ込んでしまうはずです。

ですから、急停車・急減速は厳禁なわけですが、先頭の走者は何かアクションを起こすときや障害物があるときは、後続の走者に手信号で知らせる必要があるのです。

具体的には、

◎右左折　◎減速　◎停止　◎路面が荒れていたり何か落ちていたりするとき　◎前方に障害物があるとき——などにハンドサインで知らせます。クルマでいうところのブレーキランプやウインカーのようなものですね。

集団走行をしているとテレビなどで観たレースの光景を思い描いて、ついつい前後の車間をギリギリまで詰めたり、アタックの真似ごとをしたりする人がいます。後続の走者の安全走行の基本は、「真っすぐ走る」「ラインを守る」「急な操作をしない」「詰めすぎない」などがありますが、そうしたことを真似せず、テクニックも経験もないのに車間を詰めるところだけ真似するのでは、危ないのは当たり前です。

集団走行上達のコツ

集団走行はひとりでは練習できませんし、安全に走るためには下り坂やコーナーリング、先頭交代のテクニックも重要ですから、ショップなどの練習会で教えてもらいながら、安全できれいな走りを体で覚えていきたいものです。

基本的なハンドサインを覚えておこう！

左折します

右折します

左側に寄ってください

右側に寄ってください

路面に注意

先にいってください

速度を落としてください

走行を停止します

もしレースに出場したいと思うなら、先頭交代をうまくこなすような集団走行に慣れておかなければ事故のもとになります。はじめからうまくできる人はいませんから、レースやイベントに出る前には慣れておきましょう。

集団走行の作法を身につける一番手っとり早い方法は、練習会で上級者から教わること。また、ライバルのような存在が近くにいると練習に気持ちが入り、強度も上がって効果的な練習をこなせます。

そこで、ここでは知識として集団走行のツボを押さえておくことにしましょう。

集団走行で先頭の走者は〝後続の走者の眼〟となることが重要だと述べました。そのためには「真っすぐ走る」「ラインを守る」「急な操作をしない」「詰めすぎない」ことが大切ですが、**慣れないうちは前方走者との車間を約80㎝（車輪ひとつ分くらい）はとるようにしてください。**これ以上詰めると、想定外の急ブレーキや急ハンドルで自分は危険回避できても、後続の走者がもっと急なブレーキングやハンドリングを強いられることになり、とても危険です。

さらに左右にふらつかず、ラインを守って一定の速度で真っすぐ走ることも集団走行の基本です。こうしたことができるようになれば、おのずと安全に車間が詰まってきます。前方走者のタイヤばかり見ていると全体の感覚を見失ってしまうので、前方全体をイメージしながら走ることも大切です。

集団走行に欠かせない先頭交代の練習も欠かせません。その方法は集団の人数によって大まかにふたつに分かれます。

◎集団が6人以下のとき

「200〜600m」か「30秒」を目安に、先頭の走者が最後尾に下がる形で順番に交代していきましょう。隊列は1列で、先頭はつねにひとりです。

◎集団が7人以上のとき

後続の走者が次々に先頭に入る形で先頭交代します。そのため隊列は2列になり、縦長の円形のようにグルグルとまわりながら入れ替わるイメージです。いわゆる「ローテーション」というものですが、これは並走する時間が長くなってしまうのでクルマやバイクなどの交通量の多い公道では安全上あまりおすすめできません。

緊急を要するときは「ハイッ！」

安全走行のうえでハンドサインは基本となりますが、場合によってはハンドサインを出すのが間に合わない、ハンドサインを出すよりブレーキやバイクコントロールを優先したほうがいいケースもあります。そんなときは「ひと言」で声のサインを出します。

◎急に信号が変わったら、「信号ー！」とひと言
◎ブレーキをかけなければならなくなったら「ブレーキ！」とひと言
◎対向車がやってきたら「対向ー！」とひと言

これは私独自のひと言サインですが、緊急を要するときは「ハイッ！」と声を出し

て、周囲に注意喚起します。

見通しの悪い交差点でクルマがこちらに気づかず出てこようとしていたら、少し減速するなどして衝突を回避しつつ、「ハイッ！」と声を出してドライバーにこちらの存在をアピールします。そうすることで事故を未然に防げるのです。

この際の「ハイッ！」は、後続の走者への注意喚起にもなります。

このとき「オイッ！」でも「コラ！」でも「ワッ！」でもなく、「ハイッ！」ということが大切。相手を威嚇しているように受けとられてトラブルになってはいけないからです。「ハイッ！」はポジティブな表現なので、いわれたほうも腹が立ちにくいという配慮が込められています。

自転車にはベル（警笛）がありますが、それよりもっと効果的なのが「声」という警笛なのです。いざというときにお腹の底から大きな声を出せるよう、練習しておいてください。

私の長年の無事故の秘訣は、まさにここにあるといっても過言ではありません。

あいさつでトラブル回避

前方走者は、後方の様子がわかりません。後方からクルマが近づいていても、近くにくるまでは気づかないことも少なくありません。

最近シェアを拡大しているハイブリッドカーはエンジン音がほとんどしませんし、EV（電気自動車）に至ってはエンジン音はしませんから、後方から接近してきても気づきにくいのです。

そんな場合は、後方走者が「クルマ！」と声を出して前方走者に注意喚起をうながすことも重要です。

また、あいさつをすることもトラブル回避につながります。**自転車乗りはもちろん、バイクのライダーやウォーキング中の人、ランナーともあいさつをするのです。**

あいさつをすると、不思議と穏やかな気持ちになるもの。「あいさつは人間関係の潤滑油」なんていったりしますが、サイクリングの楽しみにすらなっています。

サイクリストは運命共同体。思いやりを持って安全に走りたいものですね。

大人数の集団走行は小分けして〝中切れ〟を設けよう

スピードを出しすぎないことも安全走行の鉄則です。頭ではわかっていても、クルマも歩行者も信号も多い市街地で結構なスピードを出して走っている人を見かけることもあります。あれは自殺行為です。自分も危険ですが、周囲の人にも危害を加える恐れがあります。

細い生活道路もローインパクト走行が鉄則です。そういう場所では自重して安全第一で走りましょう。

頑張って走っていいところは、交通量が少なく、見通しがよい安全に走れるところだけ。上り坂もスピードが出ないので、基本的に頑張って走ってもいいでしょう。それでも安全第一で、**「まわりのクルマや歩行者と道路をシェアしている」**という意識は忘れないように持ち続けたいものです。

集団走行は気持ちいいものですが、大きな集団となると周囲へのインパクトが強くなり、交通の妨げになることもあります。大人数で公道を走るときは、集団を小さなグループに小分けして、意図的に〝中切れ〟を設ける配慮も大切です。

ロードバイクに乗るなら保険に入るのは義務

近年、自転車が加害者になる事故が増えています。歩行者と接触し、歩行者を死なせてしまって1億円近い高額賠償を支払うよう裁判で命じられた――という話も実際に起こっています。

ロードバイクはかなりのスピードが出る軽車両ですから、もし歩行者相手の事故を起こしてしまうと相手に後遺症を与えてしまったり、最悪の場合は死に至らしめてしまったりすることもあり得ます。

本章では安全走行の鉄則について述べてきましたが、どれだけ安全に走っていても事故が避けられない可能性はあります。そんなときに頼りになるのが保険です。特に大切なのは、被害者を保障する「個人賠償責任保険」です。

こうした保険は、ＫＤＤＩ（ａｕ）やヤフーなどが販売する自転車保険だけでなく、自動車保険や火災保険、生命保険の特約などでカバーされているケースもあります。すでに加入している各種保険で自転車に関する保険がカバーされていることも考えられますので、確認してみましょう。

また、「日本自転車競技連盟（ＪＣＦ）」などの団体に登録することで自動的に保険に加入する手段もあります。

私は**「ロードバイクに乗るなら保険に入るのは義務」**と思っています。ロードバイクで自分が幸せになるのはもちろん大切なことです。でも、そこには責任がともなうことも忘れてはいけないと思います。

第7章

ゆっくり走って強くなる

楽しくなければ続かない

前章でロードバイクを長く続けるためには安全が第一であると述べました。私はもうひとつ大切なことがあると思っています。それは**「ストイックになりすぎず、楽しむ」**ということです。

真面目なタイプが多い日本人は、どうしてもスポーツというと「頑張って練習しなくては！」と前のめりになってしまうようです。

レース志向の人だとその傾向は顕著で、「厳しいメニューをこなさなくてはいけない」とか「上りで速く走れるように食事制限をして体重を落とさなきゃ」とか、ロードバイク中心のストイックな生活になってしまいがちです。

大人になってから情熱を傾けられるものがあるのは、素晴らしいことだと思います。でも、私の経験からすると、こういうストイックな生活はよほど意志が強くないと長続きはしません。

私自身、ロードバイクを楽しく乗ろうと心がけてきたからこそ40年もの長い間、飽きもせずに乗り続けられてきたのだと思っています。

走ることを楽しみ、食べることを楽しむ

かくいう私もかつて、アスリートらしいストイックな生活を続けようとして挫折した経験があります。夕飯は豆腐や野菜サラダだけにするような、近年注目されている「糖質制限」のようなことに挑戦したこともあります。しかし、そんな生活を続けていたら、何だか心がすさんでいったのです……。

「人生せいぜい80年。ロードバイクも楽しいけれど、やっぱりおいしいものを食べて、ニコニコしてすごしたいなぁ……」と改心したのでした。

それからは食べるものにある程度は気をつけてはいますが、厳しい制限などは課していません。油脂をとるにしても、冷えたときに固まる油脂をなるべくとらないようにするとか、体に害があるとされる「トランス脂肪酸」をとらないようにマーガリンを使わ

ず、オリーブオイルをとるようにするとか、そんな程度です。

そんな食生活ですが、私はここ30年で体重の増減が３kgぐらいしかありません。その秘訣は、走ることを楽しみ、食べることも楽しむことです。

ロードバイクは、かなりのエネルギー（カロリー）を消費する乗り物です。１時間走れば少なく見積もっても３００〜４００kcalは消費するでしょうし、休み休みでも朝から晩まで走ったら、数千kcalは消費します。成人男性が１日に必要なカロリーは２５００kcalといわれますが、それぐらい消費することは珍しくありません。

ツール・ド・フランスの選手ともなると１日の消費カロリーが８０００kcalにもなるといわれます。競技時間に差はあるものの、マラソンでも３０００kcalといわれますから、ものすごい消費量であることがわかります。

ロードバイクのエンジンはライダー自身。「腹が減っては戦ができぬ」ではありませんが、お腹が空いては走れませんし、走るととてもお腹が空きます。

ですから、たっぷり走るときは、気兼ねなくおいしいものを食べてもいいのです！

ちょっとだけ走ったときも、ご褒美にスイーツを食べるくらいはアリでしょう。

景色がきれいで楽しいコースを走ろう

せっかくなら景色がきれいで、気持ちがワクワクしてくるようなコースを走るほうがいいですよね。

関西なら琵琶湖1周や淡路島1周といった非常にメジャーなコースがあります。他にも京都の日本海側にある丹後半島もおすすめです。

紀伊半島南部は雄大な自然と走りごたえ満点のコースがいくつもあります。ちょっと上級者向けにはなりますが、奈良県南部の吉野や天川村あたり、それに和歌山の高野山周辺の山岳コースも、夏場は涼しくて爽快です。このあたりは、「北海道を除くと日本で一番の秘境なのではないか」と個人的には思います。

ちょっとしたテクニックになりますが、島を1周する場合は時計まわり、半島や湖を1周する場合は反時計まわりに走るといいです。

左側通行の日本では、そのように走ると水辺側を走れるので、脇道からの飛び出しを気にしなくて済みますし、絶景も楽しみやすいのです。くれぐれもよそ見しながら走って事故を起こしたりすることのないように気をつけてくださいね。

夏は南に向かって、冬は北に向かって走る!?

私は、50歳をすぎたころから練習の「期分け」をうまく利用しています。12月の冬至からハードな練習を開始して半年、6月の夏至にはいったんシーズンオフ。その後、秋から再びサイクリングを楽しみはじめるという期分けです。

体に優しくモチベーションの維持・継続にも好適なので気に入っています。

私は年齢もあって、夏場のサイクリングは控えめにしていますが、工夫次第では真夏でもサイクリングを楽しめます。

私がよく実践するのは、涼しいところに走りにいくこと。標高の高いところや川沿いで木陰のあるようなコースは比較的涼しいので、そういうところに走りにいくのです。

関西なら前述した高野山とか奈良県南部の山岳地帯など、紀伊半島の中央あたりにそのようなコースがたくさんあります。

もし近場で走るなら、比較的涼しい早朝から乗りはじめ、遅くとも午前10時までには乗り終えるようにします。もしくは、暑さのピークをすぎた夕方や思い切って夜のライドも気持ちいいものです。

ちょっとしたテクニックでクールダウンすることもできます。頭から水をかぶったり、首筋や内ももに水をかけたり、首の後ろ側に冷感シートを貼ったり、凍らせたペットボトルを当てたりすると、かなり涼しく感じられます。

夏場は午前中に南に向かって走ると、東からの日差しを建物などがさえぎってくれるので、日陰を涼しく走ることができます。そして午後、北に向かって帰ることで同様に日陰を走ることが多くなります。逆に、冬場は北に向かうと暖かい日向を走る機会が多くなりますね。

このようにちょっとした工夫で季節によってロードバイクを快適に楽しめます。

仲間と一緒に強くなろう

シルベストサイクルのクラブチーム「クラブシルベスト」は、全国の実業団チームのなかでも登録人数が最大級です。40代以上のメンバーが多いのですが、競技経験がまだ短い段階でも強くなるケースが多々あります。

それはチームメンバー相互の高め合いによって、効率的に短期間でスキルアップできているからです。ひとりで追い込んだ練習を続けるのは不屈の精神力が求められますが、チームメンバーと練習して互いに刺激し合うことによって、ハードな練習も乗り越えられるのです。

仲間が頑張っていれば、自分も頑張ろうと思うのが自然です。心のなかでライバル視している仲間がアタックをかけたら、負けじと歯を食いしばってついていこうとするでしょう。追い込んだ練習も、そんなふうに集団の相乗効果でこなせてしまうのです。

私はロードバイクは大好きですが、実は昔から練習は大嫌いなんです。だからこそ、モ

チベーションを高く保って嫌いな練習を楽しむ工夫をたくさんし続けてきたのですが、結局のところ仲間と一緒に走るのが最良の方法です。

私がロードバイク専門店の店長だからいうのではないのですが、モチベーションを保つには新しいウェアを買ったり、バーテープを巻きなおしたりするだけでも、すぐに走りたくなるものです。愛車を新調するのは、その究極ですね。

他にも練習コースをたくさん見つけておいたり、練習日誌を「フェイスブック」などのSNSで公開したり、目標となるイベントやレースにエントリーしておいたりと、モチベーションを保つ小ネタはいろいろとありますから、自分なりに試してみてください。

いずれにせよ、強くなるにはショップのクラブチームに入るのが近道だと思います。そういう意味合いも込めて、ロードバイクの購入先を決めるというのも、ひとつの考え方です。近場のショップにクラブチームがなくても、そのショップのスタッフに聞けば、最寄りのクラブチームを紹介してくれるでしょう。もちろん、全国のクラブチームは、ネットで検索できます。

レース志向は大きめのチーム、グルメライドはアットホームに

チームやサークルに入るときに気をつけたいのは、「どういう志向性の仲間が集まっているか」ということ。

レース志向なのか、ロングライド志向なのか、グルメライドなどを楽しみたい志向なのか……。さまざまな楽しみ方があるだけに、より志向性の合う仲間と集うほうが後のちハッピーでしょう。

レース志向であれば、大きめのしっかりしたチームに参加するといいです。レベルの高い刺激を得られますし、遠征でのメリットの享受もできるからです。

一方、グルメライドなどを目的とするサークルは、自分たちで立ち上げるのがおすすめ。規模が大きすぎないほうが、アットホームに楽しめるからです。

シルベストサイクルでは、実業団チームのクラブシルベストをはじめ、いくつかの競技系のサークルがあり、多くのメンバーが活動しています。

もし自分が中心になってサークルを作りたいと思うならば、前述したように、おそろいのウェアを作るといいです。一体感が高まり、仲間意識が強まります。おそろいのウェアが仲間と走る醍醐味を象徴してくれるといってもいいでしょう。

集団走行で脚力差を埋めるコツ

仲間ができても、メンバーの脚力がそろうとは限りません。むしろ脚力差が生じるケースのほうが多いですし、人数が増えれば増えるほど脚力差の問題は顕在化します。

脚力差のある集団で走るとき、速い人が先にいってしまいポイントポイントでゆっくり走っている人をただ待つだけだと、速い人もゆっくり走りたい人もお互いにハッピーとはいえません。待つほうにも待たれるほうにも、ストレスがたまるというものです。

そこで、私が実践している脚力差を埋めるアイデアを紹介しましょう。

◎クライムリピート

上り坂での脚力差を埋める方法です。速く走る人は頂に着いたら折り返し、最後尾の人のところまで下って繰り返し登坂します。ゆっくり走る人はマイペースで完走でき、速く走る人も練習になります。

◎速い人が先頭を多めに引く

先頭交代のとき、速い人はペースを上げるのではなく、一定ペースで長い時間引くようにします。こうすると脚力がやや劣る人も同じ集団で走りやすくなり、先頭を多めに引く人はそのぶん練習にもなります。あまりに脚力差が大きい場合は、速い人がずっと先頭を引き続けることもあります。

◎速い人が遠まわりをする

グループの人数がある程度多い場合は、速い集団とゆっくり走る集団に分け、速い集団が遠まわりをしたり、上りのきついコースを走ったり、時差スタートで遅く出発したりします。ゆっくり走る集団はショートカットコースを走ったり、峠を回避したり、時差スタートで早めに出発したりすれば脚力差を埋められます。

カップルや親子で走るときのコツ

最近はロードバイクに乗る女性が増え、カップルで走る夫婦や恋人、男女混合のグループも増えました。親子で走っている人もいますが、非常にほほえましい光景ですね。

こうしたケースでは、女性がよほど走れる人でないと、男性がうまくエスコートしない限り一緒に走るのは難しいかもしれませんが、有効な解決法がいくつかあります。

ひとつは女性にいい機材を使ってもらうこと。女性は軽いカーボンフレームに、軽快によくまわる軽量ホイールを使い、男性は重いフレームに〝鉄下駄〟といわれるような重いホイールを組み合わせた重量級のバイクに乗る。こうすると、機材面でハンデができるので、脚力差が埋まります。

もうひとつは男性が何かしらの負荷をかけて走ること。**上り坂では重めのギアに入れ、平坦ではスピードの出ない軽いギアをクルクルまわして走る。**そうすれば、お互いの脚力差を埋められますし、男性も練習になります。

お互いに気を使いたくないというのであれば、合流地点を決めておいて時差スタートをしたり、女性のほうがショートカットコースを走ったりするのもいいでしょう。

大切なことは、脚力がない女性や子どもの気持ちを聞いて、それぞれのカップルや親子にとってベストな方法を決めることです。私が妻と走るときは、片方の脚だけビンディングをはめてペダリングする「片足ペダル」を多用したりします。

頑張らなくてもいいんです

繰り返しますが、「ロードバイクは楽しく走ろう」というのが私の持論です。楽しく乗るからこそ長続きしますし、仕事や家事、勉強などのストレスからも解放されるというもの。生涯の趣味になり得るものに出会ったのですから、私としては少しでも多くの人に長く楽しんでほしいと思っています。

そんなに目をつり上げて頑張らなくてもいいんです。

ゆっくりでも楽しみながら長くこぎ続けていれば、体にもいい変化が現れてきます。体がシェイプアップされて引き締まってきますし、メタボ気味の人は体のなかから健康になってきます。

ロードバイクは有酸素運動なので、長時間脂肪を燃焼しながら走り続けることができます。ランニングのようにヒザや足首などへの大きな着地衝撃がないので、ペースさえ守れば誰もが長時間走り続けることができるはずです。

心肺循環器系の機能が向上して、体も軽くなると、いつしか同じぐらいの運動強度（しんどさ）でもスピードが上がっていることに気づくはずです。上り坂も軽快に走れるようになるでしょう。

ゆっくり走るだけでもちゃんと強くなるんです。

もしあなたが40歳をすぎていて、健康診断でメタボだといわれたことがあるなら、それだけ強くなれる伸びしろがあるということです。シルベストサイクルのクラブチームでも、健康診断でC判定のオンパレードだった40代、50代の人が、ロードバイクに乗るうちに健康診断の判定が好転し、レースやイベントでバリバリ走るライダーになったというケースが珍しくありません。

実際にゆっくり走り続けて強くなって、「もっと速く走りたい」という欲求がわいてきた人もいらっしゃるでしょう。そのような人たちにももちろんお応えしたいと思います。

次の章ではいよいよ、中高年や女性も強くなれる山崎式トレーニングのご紹介です。

第8章

弱虫でも強くなる！
山崎式トレーニング

運動オンチでも年をとっても強くなれる！

ロードバイクをはじめたばかりのころは、「通勤だけでいいや」「ポタリングだけでいいや」と思っていても、いつしか「もっと速く走りたい」「もっと遠くまで走りたい」「もっと強くなりたい」などと向上心に火がつくことがよくあります。

これはとても自然な流れです。ロードバイクは人力でより速くより遠くへ走ることを追究して作られた乗り物。走っているうちにロードバイクのほうから「もっと速く」「もっと遠くへ」と訴えかけてくるものなのです。

ところで、ロードバイクをはじめる人の年齢で多いのは、アラフォーより上の世代です。昨今では、『弱虫ペダル』の影響で運動経験のない若い女性たちがはじめるケースも増えています。

「運動オンチでも速くなれるの？」

「40代、50代からでも強くなれるの？」

と思われる人もいらっしゃいます。

私の答えは**「運動オンチでも、年をとっても、まだまだ強くなれます！」**です。

29ページでお伝えしたように、トップアスリートではない普通の人のポテンシャルは、潜在的な限界レベルにはまだまだ達していません。伸びしろがたくさん残されているわけです。ですから私は、**何歳になっても現状より強くなれると思っています。**

加齢や体力不足によって生じるさまざまな障害は、〝楽しみながら〟乗り越えていけばいいのです！

トレーニング＝穴の開いたバケツに水を注ぐこと

私は練習によって強くなることは、「小さな穴の開いたバケツに水を注ぐ作業」に似ていると思っています。

バケツに入った水の量が体力やパフォーマンスの高さを表し、バケツのなかに水を注ぐ行為が練習で、水がたまっていくと強くなるイメージです。

バケツには小さな穴が開いているので、ちょっとずつ水が漏れていきます。これが練習をサボって弱体化していくイメージです。

40年間自転車競技を続けてきた私が実感しているのは、**「加齢するにしたがってバケツの穴は徐々に大きくなっていく」**ということです。

穴が大きくなるということは、水を注いでもなかなか水がたまりにくくなるということ。そして、水を注ぐのをやめると、水が減っていく速度が速まるということです。

「年をとると若いころに比べて練習成果が身につきにくくなるうえに、練習をサボると弱体化しやすくなる」

いってみれば当たり前のことのように感じるかもしれませんが、このことを改めて頭に入れておく必要があります。

なら、「毎日練習すればいいじゃないか」と思う人がいるかもしれません。でも、そうは問屋が卸さないのです。若いころに比べて心身の回復力が衰えているからです。

中高年ともなると、なかなか疲れが抜けにくく、回復に時間を要します。回復のために練習を休んでいる間にも弱体化は進んでしまうので、ハードな練習を長時間続けると、回復している間に弱ってしまう可能性すらあるのです。

もはや手の施しようがない？　いえいえ、打つ手はあります。

「回復力」に注目しよう

アラフォー世代以上のサイクリストが強くなるカギ、それはズバリ、「回復力」です。練習は大切ですが、回復や心身のケアに高い意識を持つことが、未開発の潜在能力を発揮するカギなのです。

愛車をせっせとメンテナンスして可愛がり、夜はその愛車を眺めつつ酒を舐めている人。愛車のエンジンとなる体のケアをしていますか？　乗るだけ乗って酷使した体のケアを、意外におろそかにしているのではないでしょうか。

大切なことなので繰り返しますが、私たち中高年は回復力が低いので、疲労を抜くことで、若い人たちとも対等に渡り合えるような肉体を手に入れることができるのです。

「練習をして強くなる」と一般的にいいますが、実は練習そのもので強くなっているわけではありません。練習は、むしろ体にダメージを与える行為なのです。

練習によってダメージを受けた体が回復するときに以前より強化されます。これを「超回復」といいます。ですから、疲労を抜くことは練習と同じぐらい大事なのです。

私は57歳のときに実業団レースで優勝し、59歳で迎えた昨シーズンも同じレースで入賞したといいましたが、毎日、疲労抜きのためによいとされることを実践しています。レースや練習後は、しっかりとクーリングダウン。スポーツオイルを塗ってセルフマッサージをしたり、栄養バランスのとれた食事を心がけたりしつつ、サプリメントも摂取しています。もちろん、疲労回復の要となる睡眠も十分にとり、レースの前は念入りにウォーミングアップをします。

こうした体のケアこそが、今でも現役の実業団選手として息子より若い選手たちと競える源泉となっているのです。〝加齢なる中高年ライダー〟は、闇雲に練習を頑張るだけでは強くなれません。「練習＋疲労回復」が潜在能力開花の源であることをしっかりと頭に入れておきましょう。

練習は「血管」と「血液」のために

疲労回復の基本は、いうまでもなく睡眠と食事ですね。体のすみずみまで酸素と栄養を運び、私たちの体を維持してくれている血管と血液の状態を良好に保つため、高たんぱく・低脂肪で栄養バランスに優れた食事をとるように心がけます。

ロードバイクは筋力を使うスポーツだけに、いかに筋力アップするかを求めがちですが、真のポイントは別のところにあります。**特にロードレースの練習では、9割以上が血管と血液の状態を良好に保つための練習であり、食事もそうなのです。**

人間の血管の長さは9万km、地球2周以上もの長さがあります。それだけに血管と血液をきれいにして、心肺循環器系の機能を良好な状態に保つ練習と食事が、ライダーを強くするのです。

逆に考えるとわかりやすいのですが、柔軟性が失われて動脈硬化が進んだ血管とドロドロの血液では、体のすみずみまで酸素と栄養素を効率的にいき渡らせることができません。

最大酸素摂取量の50％を超えるような練習では、筋肉のエネルギー源として糖質の消費が増えてきて、その結果「乳酸」という代謝物がたまります。乳酸は糖質として再利用されますが、血管と血液の状態が悪化しては乳酸のリサイクルも進まないのでパフォーマンスが低下してしまいます。

体質改善できそうな食品をとろう

アラフォー世代以上はメタボ対策も大切です。34ページで愛車の軽量化を追求する〝軽量マニア〟について触れましたが、ときに僅か数十gの軽量化のために大金を投じることもあります。しかし、健康的な食生活を心がけて自分の体の軽量化に努めれば、経済的でもあり一石二鳥です。

そもそもロードバイク、特に自転車競技において〝軽さは正義〟です。無駄な体重を抱え込まないようにすることが、強くなることにつながります。

だからといって「ストイックに食事を制限せよ」などとはいいません。私が過去に挫折したように、厳しい節制は心がすさみ長続きしないからです。その代わり私は、体質を改善できそうな食品を積極的にとるようにしています。


ポイントは、納豆、青魚、野菜ジュース、ヨーグルト。


納豆は良質のたんぱく質や血液をサラサラにする効果のある「ナットウキナーゼ（納豆菌）」を含みます。関西人には納豆嫌いが多いとされますが、私は大好き。1食で3パック食べることもあります。

サンマやサバ、アジ、イワシなどの青魚は良質なたんぱく質だけでなく、コレステロール値や中性脂肪値を低下させる脂肪酸「ＥＰＡ」「ＤＨＡ」もとれます。野菜ジュースは抗酸化作用に優れ、体の老化を防いでくれますし、ヨーグルトは整腸作用があることはよく知られていますね。私の朝食の必須メニューとなっています。

また、どんな油脂をとるかも大切なポイントです。**一番のポイントにしているのは「ト**

ランス脂肪酸」を摂取しないこと。トランス脂肪酸は、液体の植物油を人工的に固形化した油脂なのです。

トランス脂肪酸は、マーガリンに多く含まれます。かつては「パンにバターを塗るより、マーガリンを塗ったほうが体にいい」といわれたものですが、どうも間違いだったようです。マーガリンの他にもスナック菓子やファストフードなどに含まれる「ショートニング」や「ファットスプレッド」もトランス脂肪酸を含みます。微量ですが、サラダ油のように精製された油もトランス脂肪酸を含みます。

私はこうした油脂の代わりに、オリーブオイルを摂取するようにしています。オリーブオイルには、大きく分けると「エキストラバージンオリーブオイル」と「ピュアオリーブオイル」がありますが、私は未精製（オリーブの果実を絞って濾過しただけ）の「エキストラバージンオリーブオイル」をとるようにしています。

サイクリストにお酒好きは多く、私も御多分に洩れません。節制して強くなるというのもひとつの考え方だと思いますが、再三再四いうように「ロードバイクは楽しく乗る」

が私のモットーですから、酒もロードバイクも楽しみます。

練習はよく休みますが、お酒は年中無休！　もちろん、飲酒運転は厳禁です。

疲労回復の裏ワザは〝金グリ〟

私の疲労回復は日々の食事と睡眠が基本ですが、ここで裏ワザを紹介しましょう。ポイントは「サプリメント」と「スポーツオイル」の活用です。

まずはサプリメントから。長年試行錯誤してきて効果が高いと実感しているのは、「ＢＣＡＡ（バリン・ロイシン・イソロイシ

長年試行錯誤してたどり着いた高効果サプリ、通称“金グリ”

ン)」に代表されるアミノ酸群です。

なかでも欠かさず愛用しているのは、グリコ・パワープロダクションの「エキストラ・アミノ・アシッド」。パッケージに金色のラベルが貼られており、通称〝金グリ〟と呼ばれます。

このサプリは傷んだ筋肉の補修に欠かせないアミノ酸(アルギニン・オルニチン・リジン)をはじめとする栄養素をバランスよく配合しており、回復を助けてくれます。疲労回復に欠かせない「成長ホルモン」の分泌に着目している点が素晴らしいです。

成長ホルモンは、よく知られるように子どもの骨や筋肉の成長を促します。「寝る子は育つ」といわれますが、成長ホルモンは睡眠時にたくさん分泌されます。また、子どもだけでなく大人になっても分泌されており、**「筋肉増量」と「体脂肪燃焼」のアシスト効果があります。**

こうした効果を期待して私は寝る前に金グリを飲んでいます。たしかに目覚めがいいですし、練習翌朝の疲労回復を実感できるほどの効果を得られています。合宿やステージレースなど、連日高強度で走らなければならないときには、必需品となっています。また、同じメーカーの「マックスロードBCAA」を練習前後に飲んでいます。

もうひとつの裏ワザは「スポーツバルム」

金グリとともに私の回復力を支えているのが、スポーツオイルです。ハードに走った日の夜は、まず入浴中につま先からふくらはぎ、太もも、お尻にかけてセルフマッサージ。湯上がりにスポーツオイルで、さらにセルフマッサージを施します。

愛用しているのは、「スポーツバルム」というブランドのオイルです。これはマッサージオイルの代名詞ともいえる逸品ですが、それだけに長年愛用していて、疲労回復のたしかな効果を実感しています。

スポーツバルムには、たくさんの種類のオイルがあります。それぞれ用途が異なるので、すべてを使い分けるのが理想ですが、出費の面からしてもなかなか難しいでしょう。

そこで私があえてひとつに絞っておすすめしたいのが「グリーン2」という種類のも

の。基本的には運動後の回復に適したオイルですが、運動前の「レッド2」の成分をほぼ含んでいるので、万能度が高いのです。

血行促進効果が強力なので、筋肉内の老廃物の排出を促進する効果を期待できます。私は運動した日の入浴後、「グリーン2」を腰から足裏まで広く塗って、「もんだり」「こねたり」するセルフマッサージを施しています。

オイルのベタつきがなくなったら、そのまゆるめのコンプレッションタイツをはいて就寝。こうすると翌朝の体の重だるさがなくなるのです。

ちなみに以前、整体接骨系の医療機関の先

血行を促進して疲労回復を促すマッサージオイル
「スポーツバルム」

生にスポーツバルムを紹介したことがあったのですが、その効果に大変驚いていました。

また、運動後のセルフマッサージはもんだりこねたりしていますが、運動前は「さする」ようにしています。

実は筋肉も神経細胞も電気的に情報をやりとりしています。電位がプラスとマイナスに切り替わることで情報を伝える仕組みなのです。よく「手当てする」という表現を使いますが、手からも微弱な電気が出ており、手で触れるだけでプラスとマイナスの正常な切り替わりをうながしつつ、筋肉や神経細胞のコンディションを整える効果も期待できるわけです。

マイナスイオンを浴びるとリフレッシュされるといわれますが、イメージとしては同じようなもの。皮膚全体をさすって手当てすることで、コンディションが整ってくるという感覚です。

練習と疲労回復はワンセット。繰り返しますが、練習の成果が身になるのは、練習中ではなく回復のときなのです。

朝練や自転車通勤で平日の練習時間を確保

ロードバイクを趣味にする人の多くは働き盛りの世代。そんななかでも練習の時間を捻出し、実業団レースで結果を残している選手が、私のお客様や知り合いだけでも何人もいらっしゃいます。共通するのは、時間の使い方を工夫したり、短時間で効果のある練習をしていたりすることです。

レースで結果を残している人の多くは、平日も練習時間を捻出しています。**たとえば〝朝練〟。出勤前に練習してから出社するのです。**私も週1～3回程度、開店前にスタッフたちと朝練をしていますが、朝から体を動かすと、体だけでなく頭も活性化して、午前中から仕事の能率が上がります。朝練は本当におすすめです。

早起きが苦手な人は、仲間を見つけて朝練の約束をしておくと効果的です。一緒に走る仲間がいると約束を破るわけにいかないので、布団から出にくい寒い日でもパッと起きられるはずです。

朝練はどうしても無理という人は、練習代わりに自転車通勤をするという手もあります。これなら練習と通勤を両立できて、時間の節約にもつながります。

しかし、自転車通勤は会社によって認められないケースもありますから事前に確認が必要です。また、通勤中に事故を起こしてしまっては会社の心証も悪くしてしまいますから、気をつけたいところです。

もちろん、仕事が終わってから練習時間を捻出できるなら、夕練でも夜練でも構いません。外で走るだけでなく、自宅で固定ローラー台を使って練習するのでも構いません。

正解はひとつではありませんから、自分の生活パターンを見直してみて練習時間を捻出、コツコツと続けることが大切です。

週末プラス、週の半ばに1日練習を

多くのフルタイムワーカーにとって、平日は仕事、週末は休みというパターンが多いのではないでしょうか。その場合、週末はたっぷり乗って平日は乗らないという人が多いと思います。

ここで思い出していただきたいのが、先ほどの穴開きバケツに水を注ぐたとえ話です。週末にたっぷり練習すれば、バケツになみなみと水が注がれた状態になります。しかしその後、次の週末までまったく練習しなかったとしたら、次の練習までに水がかなり抜けてしまいます。

特にアラフォー世代以上の人だと、せっかくの練習の成果が無になってしまうどころか、場合によってはマイナスになってしまう可能性だってあるわけです。

ですから、できれば平日の水曜くらいに少しでも練習できるとベストです。

週の半ばに少しでも練習をして水を注いでやるだけで、バケツのなかの水が減るのをずいぶんと防げる、つまり弱体化を防ぐことにつながるのです。

実践！ 山崎式トレーニング

ロードバイクに乗るのが仕事で一日中乗っていられるプロ選手と、働きながら時間を捻出してロードバイクに乗っている私たちアマチュアライダーとでは、練習法もおのずと違ってきます。

プロ選手は冬場の基礎づくりの時期には、長い距離をゆっくりと時間をかけて（7時間程度）走り続けるLSD（Long Slow Distance）という練習をすることがあります。これによって心肺循環器系（エネルギーを供給する側）の機能を向上させて脂肪を燃やしやすい体を作っていくのですが、これは長時間続けるからこそ意味がある練習です。

アマチュアライダーでも、休日に遠出しながら実践すると効果はあります。しかし、平日は仕事、休日は家族サービスと、まとまった時間を確保できない人も多いでしょう。だからといってSSD（Short Slow Distance）になってしまっては、本来の効果は得られません。「やらないよりはマシ」というくらいのあまり意味のない練習になるのです。

それでは、私たちアマチュアライダーが強くなるには、どんな練習をしたらいいのか。

私が長年の選手経験から編み出したノウハウをこれから紹介しましょう。

短時間で効果絶大！「タバタ・プロトコル」とは？

働き盛りの忙しい人にとって時間は貴重です。そこで私は「短時間・高強度」の練習をおすすめしています。

なかでも短時間・高強度の運動を繰り返す「インターバルトレーニング」は、体感的にはきついものの、短時間で効果を上げるのに最適の練習です。レースで勝つために必要な〝反復的なアタック〟に耐えられる体を作るだけでなく、心肺循環器系と筋肉のパフォーマンスをバランスよく高められる練習だからです。

皆さんは、「タバタ・プロトコル」という言葉を聞いたことがあるでしょうか。これは立命館大学スポーツ健康科学部の田畑泉教授が考案した練習法です。**高強度（50秒程度で疲労困憊するような強度）での運動20秒と休息10秒を1セットとして、計8セット繰り返すインターバルトレーニングの一種です。たった4分間で終わりますが、その威力は絶大。**最大酸素摂取能力が上がり、高強度での運動を繰り返せるようになる効果があるのですが、脂肪燃焼にも絶大な効果があるのです。

タバタ・プロトコルは今、欧米やロシア、ブラジルなどで話題になっているそうです。ある研究データでは、1時間の中強度の練習より、たった4分間のタバタ・プロトコルのほうが脂肪燃焼効果は高いということが証明されたそうです。それは、短時間・高強度の運動のほうが筋肉の修復にエネルギーを使い、代謝が高い状態が続くから。

脂肪燃焼というと、ちょっと詳しい人なら「低強度の運動をじっくりと長時間継続しなければいけない」というイメージをお持ちだと思います。先ほど説明したLSDがまさにこれです。ところが、短時間・高強度のタバタ・プロトコルによりレース向きの練習と脂肪燃焼の効果を両立できるのです。

これほど効率のよい練習もありませんから、忙しいフルタイムワーカーにはピッタリですね。

実際、私もシルベストサイクルのスタッフたちとの朝練で毎週、このタバタ・プロトコルを実践しています。「高回転」「片脚ペダル」「高出力」などアレンジを加えながら実践していますが、非常に効果的で各数値が急上昇しています。

2015年3月のエンデューロレースでは、還暦目前の私が多くの若い選手を抑えて優勝！　これはタバタ・プロトコルの朝練の成果です。

タバタ・プロトコルは実走でもできないことはありませんが、高強度で追い込みますから、安全のために固定ローラー台で実践したほうがいいでしょう。昔の固定ローラー台は走行中の音が大きく、集合住宅などでは隣近所に響くのが気がかりでしたが、最近は音も静かで振動も少ない固定ローラー台が多くのブランドから出ています。

理想の固定ローラー台はこれだ！

固定ローラー台の話が出ましたので、その点についてちょっと語りたいと思います。

私は30年以上ローラー台を使って練習を続けていますが、もともとはローラー台が好きなわけではありませんでした。景色が変わらない室内でこぎ続けるのは退屈で、ちょっとした苦痛でさえありました。

しかし前項で紹介したタバタ・プロトコルと出会ってからは、計4分のごく短時間の練習で済むので、飽きることがありません。

高強度のタバタ・プロトコルを固定ローラー台で実践する際、ポイントになるのが「静粛性」と「低振動」です。日本の狭い住宅環境では、特に集合住宅では隣近所への騒音対策は必須ですし、家族にも迷惑がかかります。

そこで私がおすすめしたいのは、ジャイアントの「サイクロトロン・フルード」という固定ローラー台。発売後数年たちますが、今のところこれに勝るものはありません。30年以上のローラー台ユーザーの私が理想として

至高の固定ローラー台**「ジャイアント サイクロトロン・フルード」**

思い描いていた、固定ローラー台のよいところが凝縮されている逸品なのです。

このサイクロトロン・フルードは、固定ローラー台選びのポイントとなる「静粛性」と「低振動」を見事にクリアしています。

ローラーの直径が一般的なもののおよそ2倍（直径70㎜）もあり、ローラーの回転数が約半分になるので音が静か、振動も少なくなるのです。**実際、ローラーをまわしているときに聞こえるのは、低速でも高速でもチェーンがギアに接する音だけ。**肝心の実走感もかなりの優れもので、これなら長時間でも苦にならない高いレベルに仕上がっています。

また、タイヤがローラーに食い込む度合いも半減されるので、タイヤが摩耗してゴムかすが飛散することも減って長持ちします。ローラーの内部にはファンが仕込まれており、大きなフルード（流体負荷装置）とローラー自体を同時に冷やして、消耗品であるタイヤに優しい構造となっているのもうれしい点です。

磁石ではなくフルードによる負荷は、一定の滑らかな抵抗感で心地よく練習できます。

ぜひ、この固定ローラー台でタバタ・プロトコルを実践してみてください。

ペダルを踏むパワーの50%以上が無駄に

さて、固定ローラー台でも実走でも、ロードバイクを走らせるときには脚力をペダルに伝え、クランクをまわすことで推進力を生み出します。私はペダリングのスキルを改善することによって、ほとんどの人がまだまだ速くなれると思っています。

それはほぼすべての人のペダリングにふたつの大きな無駄（パワーロス）が潜んでいるからです。

クランクは左右で180度反対の位相にあるので、片方のクランクが下に向かって進んでいるときは、反対側のクランクは上に向かって進みます。このとき上に向かうペダルに脚の重みが残っていると、その重みを持ち上げるのに余分な出力を反対側の脚に強いることになり、これが大きなパワーロスになっているのです。

もうひとつのパワーロスは、ペダリング中に力をかける方向です。

理想的なペダリングは、クランクが描く円周の接線方向（クランクに対して90度の角度）に常に力が加わるようにすること。つまり、時計の3時の位置で真下にしっかり踏み込むイメージです。

しかし、**実際には5時くらいの位置で踏み込む力が最大になっているケースが実に多いのです。さらに、まったく推進力にならない6時（下死点）の位置で踏み込んでいるという究極の無駄も生じています。**

このふたつの無駄が合わさると、ペダルを踏むパワーのなんと50%、いやそれ以上が無駄になっているのです。

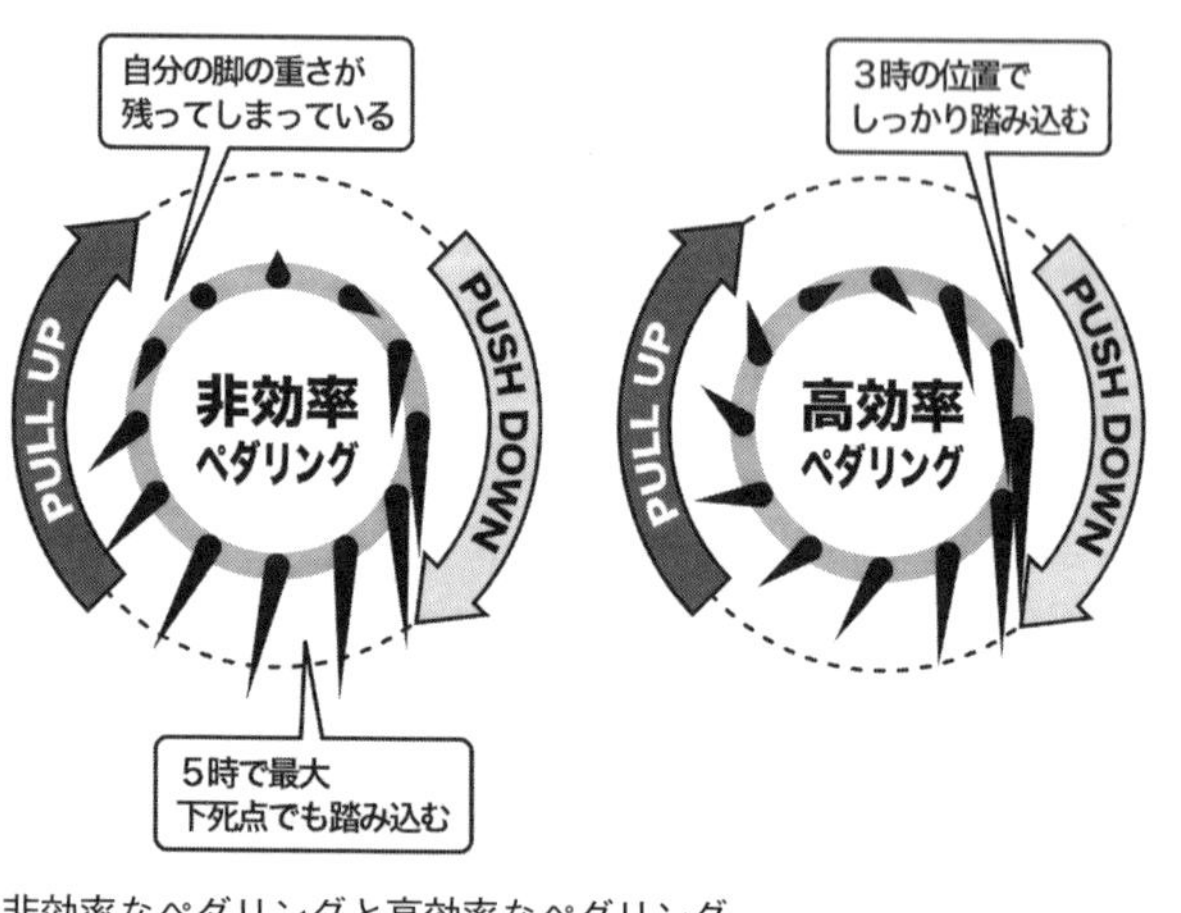

非効率なペダリングと高効率なペダリング

ペダリングスキル向上のためのトレーニング

そもそも、人間の脚はペダリングのような回転運動には適していません。そのため、通常は50％以上ものパワーロスが生じているわけです。このロスを少なくするためには、筋力面からとテクニック面からと、大きくふたつのアプローチがあります。

筋力面は日ごろの練習でアプローチするとして、ここではテクニック面のスキルアップに効果的な練習を紹介しましょう。いずれもパワーロスのないペダリングをイメージしながら、それを体に覚え込ませていくように繰り返すことです。

より具体的には、**平地でも上り坂でも時計の9時から3時までの「上側の半円」に意識を集中すると効果的です。**

平地で加速するときには、11時あたりに意識をもってきて上死点（12時）を乗り越えるようなイメージ。一方、登坂では1時あたりの位置から踏みはじめるイメージで、3時の位置以降は踏みやめるように意識すると、ペダリングを長時間持続しやすいです。

また、下死点（6時）でかかとの位置が下がってしまう「アンクリング」は悪いペダリングとされています。ふくらはぎの腓腹筋《ひふくきん》など小さな筋肉を使うようになるため、太ももやお尻の大きな筋肉を使うより出力が小さく、持続力に乏しいうえに高回転のペダリングに弱いからです。

しかし、**アンクリングは悪いことばかりではありません。**身長が低く脚が短めの人の場合、大柄な人に比べて上死点（12時）でのヒザや股関節の角度が狭まるので、1時の位置で踏み込みにくくなります。そんな小柄な人がアンクリングを逆手にとれば、より大きな筋肉の可動域を得られるようになり、推進力がアップするのです。

こうしたペダリングのポイントを押さえたうえで、スキルアップのための具体的な練習法を紹介しましょう。

◎高回転ペダリング

ペダリングのスキルを総合的に高める練習です。効率のいいペダリングでないと、ペダルを高回転でまわすことはできません。逆説的ですが、多少無理をしてでも高回転でのペダリングを重ねることで、ペダリングは効率よく改善されます。

毎分120回転をできるだけ長く続けたり、自分の最高回転の限界に挑むようなペダリングを繰り返したりしてみてください。最初は30分、最終的には1時間続けるのを目安にするといいでしょう。お尻がはねないように意識することがポイントです。

◎太鼓のバチペダリング

太ももの大腿骨《だいたいこつ》を「太鼓のバチ」に見立て、ヒザを上下に動かすイメージでペダリングをする練習です。「引き脚」ならぬ〝上げヒザ〟を意識することがポイントです。

◎片脚ペダリング

ある程度スムーズにまわせるようになったら、「片脚ペダリング」に挑戦してみましょう。上死点（12時）や下死点（6時）で力んでしまうと、脚がカクカクしてぎこちないペダリングになります。高回転でまわすことでペダリングの欠点が表れやすいので、自分のペダリングの弱点を客観的に把握できます。片脚でスムーズに高回転でまわせるようになるまで繰り返しましょう。ペダリングスキル向上に絶大な効果が期待できます。

ポイントは「引き脚」の意識を持つことと、上死点（12時）で足を素早く前方へ送る意識を持つこと。

片脚ペダリングは実走でもできますが、慣れるまでは固定ローラー台のほうが安全です。ちなみに私は片脚ペダリングで毎分190回転もの高速でまわすことができます。40年のキャリアで脚が回転運動向きになっているのでしょう。

こうした練習によってスムーズなペダリングができるようになると、それだけパワーロスが減り、長時間ラクに速く走れるようになります。レースで強くなりたい人だけでなく、ロングライドを楽しみたい人にもおすすめの練習です。

「引き脚」はあまり使わないで！　でも鍛えよう⁉

前項で「引き脚」というキーワードが出てきたので、これについて少し触れておきましょう。

ゴール直前のスプリント勝負のときに引き脚は有効で、これを発揮しないと勝つことはできません。ただ、それ以外の場面では、実はあまり多用しないものなのです。

引き脚はそれほど大きなパワーを発揮できませんし、長時間持続させることもできません。引き脚を多用してしまうと〝脚力の売り切れ〟が早いからです。

もっとも、普段から引き脚でパワーを発揮できるような練習をしておくことは大切です。ここ一番でパワーを発揮するためにも有効ですが、それだけでなく自分の脚の重さ（10kgくらいあります）をちゃんと持ち上げることができる、効率のいいペダリングに直結するからです。

通勤中に〝プチ筋トレ〟

40代をすぎると筋力が衰えやすいので、持久系スポーツにおいても筋力トレーニング（筋トレ）の重要度がアップしてきます。

ロードバイクでは、さらに重要です。他の多くのスポーツでは脚を伸ばすときに力を発揮させる運動が中心ですが、ロードバイクはペダリングで脚を縮めるときにも力を発揮させる珍しいスポーツだからです。

私がかつて五輪の選考会で日本記録を出したとき、急成長したその背景には筋力強化がありました。クラブシルベストのメンバーを見ていても、筋力強化をしている人は年齢を問わず急成長しています。

ポイントになるのは、太ももまわりの筋肉（前側の大腿四頭筋《だいたいしとうきん》、裏側のハムストリングス）と、両脚と胴体をつなぐインナーマッスルのひとつ「腸腰筋《ちょうようきん》」です。これらの筋肉は、日常生活ではなかなか鍛えにくい部位なのです。

だからといって、ロードバイクでの練習以外に本格的なマシンを使った筋トレもするとなると面倒くさいです。わざわざジムに通う時間もないという人が多いでしょう。

そのため私はこうした筋肉を総合的に鍛える〝プチ筋トレ〟を提唱し、講習もしています。**プチ筋トレは、自宅や通勤中に気軽にできて継続しやすさを重視したトレーニング法です。**

電車通勤をする人であれば、エレベーターやエスカレータを使わず、階段を上り下りします。階段を上るときは2段飛ばしにすることで、太ももの筋肉と腸腰筋を稼働させます。階段を下りるときは1段ずつでいいですが、着地するたびに太もも前側の大腿四頭筋などが稼働します。

スロープを下りるときには、腰を少し落として歩くだけで大腿四頭筋やお尻の臀筋群《でんきんぐん》が鍛えられます。電車のなかでも、つり革につかまって片足でつま先立ちをして戻すという動作を繰り返すことで、まわりの乗客に迷惑をかけることなくふくらはぎの腓腹筋《ひふくきん》が鍛えられます。

このように日ごろからそれぞれの筋肉に刺激を入れておくと、練習効果は高まります。どうでしょうか？　わざわざジムに通わなくても、筋トレのための時間を確保しなくても、何気ない日常生活を見直せばプチ筋トレの機会が生まれ、ロードバイクの練習効果を高められるのです。早速、実践してみてください。

自宅でできる〝プチ筋トレ〟

もうちょっと本格的に筋トレしてみたいという人に、自宅でできるプチ筋トレをいくつか紹介します。

本項で紹介するプチ筋トレは筋肉増大が目的ではなく、「筋持久力の向上」が主な目的ですから、軽めの負荷で多くの回数を重ねます。いずれも限界近くまで行う「オールアウト」が効果を上げるための基本です。

これによりヒザ痛など故障発生のリスクも抑えることができます。

以下で紹介するレッグカールやヒザ上げでは、１００円均一のお店などで売っている大きめのクッションケースにダンベルや市販の玉砂利などを入れた〝枕状ウェイト〟を使います。**その人の筋力にもよりますが、30～40回繰り返せるくらいの重さに調整するのが目安です（私は15kgにしています）。**

私の場合、寝床の足元のほうに枕状ウェイトをいつも置いておき、いつでもトレーニングできるようにしています。

◎レッグカール

主に太もも裏側のハムストリングスを鍛えるプチ筋トレです。立った状態で上体を前傾させたまま椅子などにつかまり、かかとに前出のウェイトをのせ、かかとを上下させます。普通ならマシンを使わないとできないような、鍛えるのが難しい部位をオールアウトさせることで、ペダリングの能力を飛躍的にアップさせることができます。

◎ヒザ上げ

ペダリングのときに上死点付近でも詰まりなくスムーズにまわすのに重要な腸腰筋を集中的に鍛えるプチ筋トレです。椅子に座って太もものヒザ側に前出の枕状ウェイトをのせ、太ももを上下させます。ロードバイクに乗っているときのように上体を前傾させながら繰り返すと効果的です。

◎ハイステップ片脚スクワット

太もも前側の大腿四頭筋やお尻の臀筋群を鍛えるプチ筋トレです。椅子くらいの高さ40〜50㎝のステップに片足をのせて繰り返す片脚スクワット。ステップを利用することでヒザへの負担を避けながら抜群の効果を上げることができます。

片脚ずつ反復します。前出のタバタ・プロトコルのリズムで行うと筋持久力や乳酸耐力の強化になります。また、ウェイトを持って少ない回数でオールアウトするようにすると筋力強化にもなります。

山崎式 自宅でできる“プチ筋トレ”

レッグカール
ウェイトをヒザにのせ、タバタ・プロトコルのリズムで左右2分間ずつ

ヒザ上げ
ウェイトをヒザにのせ、前傾になり、タバタ・プロトコルのリズムで左右2分間ずつ

ハイステップ片脚スクワット
ウェイトを担いで、タバタ・プロトコルのリズムで左右4分間ずつ

ランジスクワット
ウェイトを担いで、タバタ・プロトコルのリズムで左右2分間ずつ

◎ランジスクワット

ハイステップ片脚スクワットと同じく大腿四頭筋や臀筋群を鍛えるプチ筋トレです。動的ストレッチの効果もあります。脚を前後に大きく開いてスクワットをする要領で腰を上げ下げします。腰を下ろすときには後ろ足のヒザが地面につくかつかないかのところまで下げましょう。

苦しくなったら左右の脚を入れ替えます。腰を下げるときにつま先方向に荷重するか、かかと方向に荷重するかで違う部位が鍛えられます。最初はウェイトなしでも十分効果がありますが、肩に前出の枕状ウェイトをかついで負荷をかけるとさらに効果が高まります。

これらのプチ筋トレは1セットだけなら、わずか数分で終わります。だからといって、最初からストイックにやりすぎるのではなく、少々もの足りないくらいで終わったほうが、「またやろう」とモチベーションを保ちやすいです。長続きしないと効果がないので、欲張りすぎず、なるべく長く続けられるようにしましょう。私たちは、紹介した4つのプチ筋トレを1セットにして、週2回のペースで実践しています。

弱虫でも強くなる！　山崎式トレーニング〈1週間〉プログラム

本章で紹介した練習法をふまえて、忙しいフルタイムワーカーに向けた1週間のトレーニングプログラムを紹介します。

月曜	自宅での〝プチ筋トレ〟
火曜	休養
水曜	ロード練習かローラー台での「タバタ・プロトコル」
木曜	自宅での〝プチ筋トレ〟（イベント前は休養）
金曜	休養
土・日曜どちらか	ロングライド、チーム練習、レースなど

通勤時などのプチ筋トレは、日常的に実践してみてください。ロードバイクの練習とプチ筋トレは相互に補完します。

平日は疲労回復を進めつつプチ筋トレで筋肉に刺激を入れ、週半ばに短時間・高強度のタバタ・プロトコルによるインターバルトレーニングを実施。なお、タバタ・プロトコルのような短時間・高強度の練習の後、体は10時間以上も軽い運動中のような基礎代謝の高い状態になるといわれています。

私のプログラムでは限られた時間で効率よく練習が続けられ、モチベーションを高く維持しながら続けることができるはずです。

速く走れるようになれば、ロードバイクの楽しみはもっともっと広がるはずです。騙されたと思って、まずは3カ月を目途にやってみてください。メキメキ力がついて〝自分史上最強〟のパフォーマンスを獲得できると思います。

ロングライドのバリエーション

土・日のロングライドについて、その日に乗れる時間に応じた乗り方のポイント紹介しましょう。

◎一日中乗れるとき

7〜8時間を目途に仲間とともにツーリングすることを想定します。長時間ですので低強度・低負荷で乗り続けるのが基本です。心拍数でいうと最大心拍数の70〜80%を目安とする持久力向上の有酸素運動となります。心肺循環器系や地脚の強化を念頭にゆっくり長く楽しみながら乗りましょう。

事前にランチを食べるお店を探しておいて、そこを中間ポイントとすれば、長時間のなかにもメリハリがつくでしょう。

◎半日乗れるとき

5時間くらいの走行を想定します。強度は一日中乗れるときより少し上げるくらいにしましょう。心肺循環器系や地脚の強化が主な目的なのは変わりませんが、見晴らしのよい安全な道路でタバタ・プロトコルのようなインターバルトレーニングを織り込んで、瞬発力や対乳酸能力を高めておくのもいいでしょう。

平地だけでなく峠や山岳コースを走り、最大心拍数の80％くらいの有酸素運動と無酸素運動の境目のテンポレベルで走るのもいいでしょう。

◎3時間くらい乗れるとき

ウォーミングアップをしつつ体が温まったら、見晴らしのよい安全な道路で中強度から高強度の練習をしましょう。体中にめぐる毛細血管の働きを高めて、乳酸を次のパワーに素早くリサイクルする能力を高めるのに最適なペースとなります。

低負荷からだんだん最大強度にビルドアップしたり、長めのクライミングリピートをしたりするのもおすすめですが、複数で練習するならば最大強度に近い無酸素運動でレース形式にするとおもしろいです。

◎1時間くらいしか乗れないとき

筋力やテクニックを鍛える練習にあてるといいでしょう。軽めのギアでの高回転トレーニング、上り坂でトルク重視のショートクライミングリピート、ハイギア・ローギア・シッティングしばりなどを組み込んだダッシュ練習など、比較的濃密な内容をこなしましょう。短時間のときは基本的に固定ローラー台で室内練習をしたほうが効率的です。

なお、体力のない初心者がいきなり7〜8時間の長時間の練習や高強度・高負荷の練習をするのは危険です。「練習をこなすための土台を作る」ことから、焦らずじっくりとはじめることが肝心です。階段を1段ずつステップアップするように、少しずつ時間を延ばしたり強度を高めたりしましょう。

おわりに

私が統括店長を務める「シルベストサイクル」には日々、実に多くのお客様にお越しいただいています。第2章の冒頭でお伝えしたように、最近は人気漫画『弱虫ペダル』をきっかけにロードバイクに乗りはじめる人が増えているということもあり、おかげさまでシルベストサイクルの業績も過去最高となっています。それほどまでにロードバイク業界は今、活況を呈しているのです。

目を輝かせて品定めをされる初心者のお客様が大半なので、まさに本書に綴った内容そのままに、私たちスタッフは誠心誠意をもってロードバイクのワクワクの世界へとお客様をお誘いしております。

活況を呈している状況の相乗効果で、スタッフたちの士気の高さも過去最高潮。仕事面で士気が高まっているのはもちろん、全スタッフの半数に迫る

11人が今年実業団に競技者登録して、それぞれが頂点を目指して自転車競技に取り組んでいます。

始業前の〝朝練〟も迫力満点です。若いスタッフたちの熱意に引っ張られて、還暦を迎える私も春から絶好調。ローカルの大会では、久々の優勝を果たしています。ロードバイクの楽しさを説かせていただいた私が先陣切って楽しんでいる状況です。

私たちスタッフは、主にロードレースやクリテリウムといった競技性の高い大会に出ることが多いのですが、初心者のお客様にはより安全でチャレンジしやすいイベントや大会がおすすめです。

たとえば、ひたすら登坂するので比較的スピードがゆるやかで安全な「ヒルクライム」（「Mt.富士ヒルクライム」「全日本マウンテンサイクリングin乗鞍」など）。4時間、8時間など決められた時間でどれだけ長い距離を走るかを競う耐久走「エンデューロ」（「もてぎ7時間エンデューロ」「スズカ8時間エンデューロ」など）。タイムを競わずマイペースで長距離を走る「ロングライド」（「淡路島ロングライド」「佐渡ロングライド」など）。

このようにイベントや大会は全国各地で開かれていますし、「ロングライド」の〝ロングじゃない版〟の「グルメライド」など娯楽性の高い楽しいイベントもありますから、ぜひショップのスタッフに尋ねてみたり、ネットで検索してみたりしてみてください。

日ごろロードバイクに乗って楽しむだけでもいいのですが、こうしたイベントや大会に参加してみると、新たな世界観に触れることができますし、楽しみの幅が格段に広がります。

最後となりましたが、本書に最後までおつき合いいただき、ありがとうございました。ロードバイクを楽しむためには「安全」が欠かせません。事故やケガのないように配慮することを一番の大前提に、ロードバイクを思う存分、そしていつまでも末永く可愛がってやってください。

大阪・京都にお越しの際は、ぜひ「シルベストサイクル」にお立ち寄りください。誠心誠意、全力でロードバイクの世界をご案内いたします！

2015年5月

シルベストサイクル統括店長　山崎敏正

還暦にして、この隆起した
太もも（大腿四頭筋）を見よ！

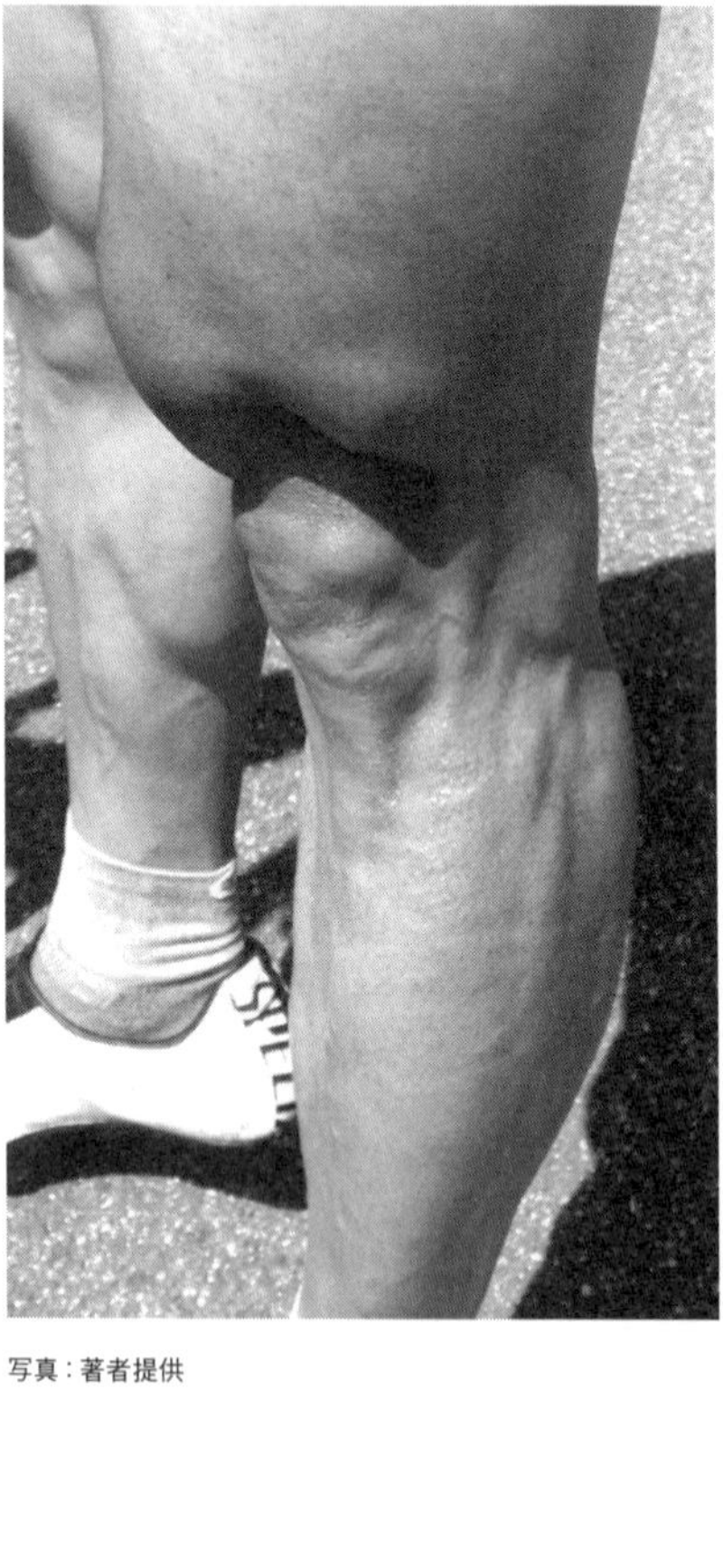

写真：著者提供

CLUB
SILBEST
CLUB
SILBEST

著者略歴
山崎敏正（やまざき・としまさ）
その名を知らない自転車乗りは“もぐり”という関西のロードバイク専門店「シルベストサイクル」（大阪2店・京都1店）の統括店長にして、自転車競技（4000m個人追い抜き）の幻の元モスクワ五輪代表選手。還暦にして今なお年齢不問の実業団レースに参戦し、自分の息子より若い選手に競り勝つロードバイク業界のレジェンド。市民サイクリストへのわかりやすい指導に定評がある。また、ロードバイクのパーツに関する造詣の深さは業界屈指。『CYCLE SPORTS（サイクルスポーツ）』の連載「山崎敏正のこれ超エエよォ」や『BiCYCLE CLUB（バイシクルクラブ）』『FUN RiDE（ファンライド）』など専門各誌に登場し、その軽妙な語り口と愛嬌ある風貌にファンが多い。

SB新書　302

「弱虫」でも強くなる！
ひとつ上のロードバイク〈プロ技〉メソッド

2015年6月25日　初版第1刷発行

著　者：山崎敏正

発行者：小川 淳
発行所：SBクリエイティブ株式会社
〒106-0032　東京都港区六本木2-4-5
営　業：03-5549-1201

編集協力：浅野真則
写　真：古見幸夫
イラスト：にぎりこぶし
装　丁：ブックウォール
組　版：ごぼうデザイン事務所
印刷・製本：大日本印刷株式会社

落丁本、乱丁本は小社営業部にてお取り替えいたします。
定価はカバーに記載されております。本書の内容に関するご質問等は、
小社学芸書籍編集部まで書面にてご連絡いただきますようお願いいたします。

 ISBN 978-4-7973-8260-0